高职高专计算机类专业教材·软件开发系列

Python 程序设计案例教程

陈素琼　吴科宏　主　编

程书红　李菊芳　韩永征　汪　忆　副主编

电子工业出版社

Publishing House of Electronics Industry

北京·BEIJING

内 容 简 介

本书针对 Python 初学者编写，力求培养学生的基本编程能力，重点树立学生的编程思想，注重编程规范的养成。全书共 9 章，包括 Python 概述、Python 语法基础、程序结构、函数、数据结构、字符串、文件操作、面向对象基础、综合案例。本书根据学生的认知规律安排知识点，提供了内容丰富的案例、拓展练习和编程题库，能有效地提高读者的学习兴趣和动手实践能力。同时，大部分案例配备程序设计方法的介绍和源码，使读者能够较快地掌握 Python 语言程序设计的基础知识、基本算法和编程思想。本书配套的电子课件和源码请登录华信教育资源网（http://www.hxedu.com.cn）注册后免费下载。

本书可作为应用型本科和高职院校学生的 Python 课程教材，也可作为 Python 软件开发和数据分析人员的 Python 基础自学参考书。

图书在版编目（CIP）数据

Python 程序设计案例教程 / 陈素琼，吴科宏主编. —北京：电子工业出版社，2022.6
ISBN 978-7-121-43484-6

Ⅰ. ①P… Ⅱ. ①陈… ②吴… Ⅲ. ①软件工具－程序设计－教材 Ⅳ. ①TP311.561

中国版本图书馆 CIP 数据核字（2022）第 085016 号

责任编辑：左 雅

印 刷：山东华立印务有限公司
装 订：山东华立印务有限公司
出版发行：电子工业出版社
　　　　　北京市海淀区万寿路 173 信箱 邮编 100036
开 本：787×1 092 1/16 印张：14.5 字数：371 千字
版 次：2022 年 6 月第 1 版
印 次：2023 年 1 月第 2 次印刷
定 价：45.00 元

随着互联网、大数据、云计算等信息技术的高速发展，人工智能已进入了爆发式的增长阶段，成为推动新一轮产业和科技革新的动力。Python 语言由于具有简洁、易学易懂、功能强大等特点，成为人工智能和大数据时代的首选编程语言。2018 年 3 月，"Python 语言程序设计"成为全国计算机等级考试（二级）新增科目，进一步提升了 Python 语言的重要性。

本书针对 Python 初学者编写，根据学生的认知规律循序渐进地安排知识点，书中提供了丰富的案例、拓展练习、综合案例和编程题库，提高读者的学习兴趣，大部分案例配备程序设计方法的介绍和源码，注重编程规范的养成，使读者能够较快地掌握 Python 语言程序设计的基础知识、基本算法和编程思想。

本书在 Windows 平台基于 Python 3.x 和 PyCharm 环境介绍 Python 程序设计相关知识。全书共 9 章，各章节内容如下。

第 1 章是 Python 概述，包括 Python 语言及其特点、在 Windows 系统搭建 Python 开发环境的方法，以及环境的使用和运行方式，最后介绍了我的第一个 Python 程序及 Python 编程规范。通过本章的学习，希望读者能够掌握 Python 环境的搭建和使用方法，建立初步的编程规范意识。

第 2 章主要介绍 Python 语法基础，包括标识符与保留字、数据类型、常量和变量、运算符和表达式、类型转换、输入/输出等。通过本章的学习，希望读者能够掌握 Python 基础语法。

第 3 章主要介绍程序结构，首先介绍了算法和流程图，然后介绍了 Python 程序设计的三大基础结构，即顺序、选择和循环结构的实现方法。通过本章的学习，希望读者能够掌握 Python 程序设计流程，为程序设计奠定基础。

第 4 章主要介绍函数，包括自定义函数、模块、包及其应用。通过本章的学习，希望读者能够掌握 Python 模块化编程思想，能利用模块化编程思想进行程序设计和编写。

第 5、6 章主要介绍数据结构（序列），包括列表、元组、字典、集合和字符串。通过这两章的学习，希望读者能够熟悉 Python 序列的分类和特点，掌握序列的定义和使用，能在具体的编程情景中进行灵活的应用。

第 7 章主要介绍文件操作，包括文本文件，CSV 文件，JSON 文件的打开、读写和关闭等操作。通过本章的学习，希望读者能够熟悉 Python 文件操作，能对文本文件、CSV 文件和 JSON 文件进行读写。

第 8 章主要介绍面向对象基础，包括类和对象、面向对象三大特点、接口等内容。通过本章的学习，希望读者能够掌握 Python 面向对象编程思想，能进行简单的面向对象程序的编写。

第 9 章为综合案例，涵盖了 Python 应用的多个方向的内容，包括 Python 基础应用、Python 网络爬虫、数据分析、图像处理等。通过本章的学习，希望读者可进一步巩固 Python 基础知识，同时初步了解自己感兴趣的 Python 应用方向，为后续学习奠定基础。

附录提供了 Python 常见异常，为程序调试提供参考，同时提供了 Python 编程 100 例，供学习者拓展练习，提高 Python 编程应用能力。

本书由重庆城市管理职业学院"Python 程序设计"课程教研组教师完成编写，陈素琼老师编写了第 1、3、9 章，吴科宏老师编写了第 2、6、8 章，程书红老师编写了第 5 章，李菊芳老师编写了第 4 章，韩永征老师编写了第 7 章，汪忆老师编写了本书附录和部分案例，PMI 协会会员周磊提供了本书部分案例素材。以上全体人员在近一年的编写过程中付出了很多，在此表示衷心的感谢。

本书所有程序均采用 Python 3.x 和 PyCharm 编写，且全部编译通过。虽然我们力求尽善尽美，但书中难免会有不足之处，望广大读者批评指正，将意见反馈至邮箱：join929@163.com。

编　者

CONTENTS

目录

第1章 Python概述

Python是一种解释型、面向对象、动态数据类型的高级程序设计语言，由Guido van Rossum于1989年发明。Python已在Web开发、网络爬虫、数据分析、科学计算、人工智能等领域得到广泛的支持和应用。本章主要介绍Python概述、开发环境搭建及第一个Python程序等内容。

学习目标

- 了解Python语言特点。
- 理解Python编程规范。
- 掌握Python开发环境搭建。
- 能熟练编写和调试第一个Python程序。

1.1 计算机程序

1.1.1 程序

程序又名计算机程序（Computer Program），是一组计算机能识别和执行的指令，运行于电子计算机上，是满足人们某种需求的信息化工具。程序设计（编程）是程序编写过程，深度应用计算机的主要手段。

1.1.2 程序语言

程序语言用于人类和计算机之间的交互，是用来定义计算机指令执行流程的形式化语言。每种程序语言都包含一整套词汇和语法规范，这些规范通常包括数据类型和数据结构、指令类型和指令控制、调用机制和库函数，以及不成文的规定（如递进书写、变量命名等）。大多数程序语言都能够组合出复杂的数据结构（如链表、堆栈、树、文件等）。面向对象的程序语言还允许程序员定义新的数据结构（如"对象"）。

计算机编程语言能够实现人与机器之间的交流和沟通，主要包括汇编语言、机器语言及高级语言。

1. 汇编语言

汇编语言主要是以缩写英文作为标识符进行编写的，运用汇编语言进行编写的一般都是较为简练的小程序，其在执行方面较为便利，但在程序方面较为冗长，所以具有较高的出错率，而且使用汇编语言编程需要有更多的计算机专业知识。但汇编语言的优点也是显而易见的，用汇编语言所能完成的操作不是一般高级语言所能够实现的，而且源程序经汇编生成的可执行文件不仅比较小，而且执行速度很快。

● 2．机器语言

机器语言主要是利用二进制编码进行指令的发送的。二进制编码能够被计算机快速地识别，其灵活性相对较高，且执行速度较为可观。机器语言与汇编语言的相似性较高，但由于具有局限性，所以在使用上存在一定的约束性。

● 3．高级语言

所谓的高级语言，其实是由多种编程语言结合之后的总称，其可以对多条指令进行整合，将多条指令变为单条指令完成输送。高级语言在操作细节指令及中间过程等方面都得到了适当的简化，所以整个程序编写更为简便，具有较强的操作性，而这种编码方式的简化，使得计算机编程对于相关工作人员的专业水平要求不断放宽。

高级语言是大多数编程者的选择。和汇编语言相比，它不但将许多相关的机器指令合成为单条指令，并且去掉了与具体操作有关但与完成工作无关的细节，例如使用堆栈、寄存器等，这样就大大简化了程序中的指令。同时，由于省略了很多细节，编程者也就不需要有太多的专业知识。常见的高级语言有 C 语言、C++、Java、Python 等。

1.2　了解Python

Python 是一个高层次的结合了解释性、编译性、互动性和面向对象的脚本语言。Python 的设计具有很强的可读性，相比其他语言经常使用英文关键字和标点符号，Python 具有更加有特色的语法结构。

1.2.1　Python简介

Python 是由 Guido van Rossum 在八十年代末和九十年代初，在荷兰国家数学和计算机科学研究所设计出来的。

Python 的设计哲学是"优雅""明确""简单"。因此，Perl 语言中"总是有多种方法来做同一件事"的理念在 Python 开发者中通常是难以忍受的。Python 开发者的哲学是"用一种方法，最好是只有一种方法来做一件事"。在设计 Python 时，如果面临多种选择，Python 开发者一般会拒绝花哨的语法，而选择明确的、没有或很少有歧义的语法。由于这种设计观念的差异，Python 源代码通常被认为比 Perl 具备更好的可读性，并且能够支撑大规模的软件开发。这些准则被称为"Python 格言"。

Python 开发人员尽量避开不成熟或者不重要的优化。一些针对非重要部位的加快运行速度的补丁通常不会被合并到 Python 内。所以很多人认为 Python 很慢。不过，大多数程序对速度的要求其实不高。在某些对运行速度要求很高的情况下，Python 设计师倾向于使用JIT技术，或者使用 C/C++语言改写这部分程序。可用的 JIT 技术有PyPy。

Python 是完全面向对象的语言，函数、模块、数字、字符串都是对象，并且完全支持继承、重载、派生、多继承，有益于增强源代码的复用性。Python 支持重载运算符和动态类型。相对于Lisp这种传统的函数式编程语言，Python 对函数式的设计只提供了有限的支持，有两个标准库（functools 和 itertools）提供了Haskell和 Standard ML 中久经考验的函数式程序设计工具。

虽然 Python 被粗略地分类为"脚本语言"（Script Language），但实际上一些大规模软件开发计划，如 Zope、Mnet、BitTorrent，以及 Google 都广泛地使用它。Python 的支持者喜欢称它为一种高级动态编程语言，原因是"脚本语言"泛指仅作简单程序设计任务的语言，如 Shell Script、VBScript 等只是能处理简单任务的编程语言，并不能与 Python 相提并论。

Python 本身被设计为可扩充的，即并非所有的特性和功能都集成到语言核心。Python 提供了丰富的 API 和工具，以便程序员轻松地使用 C 语言、C++、Cython 来编写扩充模块。Python 编译器本身也可以被集成到其他需要脚本语言的程序内。因此，很多人还把 Python 作为一种"胶水语言"（Glue Language）来使用，使用 Python 将其他语言编写的程序进行集成和封装。在 Google 内部的很多项目，如 Google Engine 就是使用 C++ 编写性能要求极高的部分，然后用 Python 或 Java/Go 调用相应的模块。

自从 2004 年以来，Python 的使用率呈线性增长。由于 Python 语言的简洁性、易读性及可扩展性，Python 已经成为最受欢迎的程序设计语言之一。在国外用 Python 做科学计算的研究机构日益增多，一些知名大学已经采用 Python 来教授程序设计课程，如卡耐基梅隆大学的编程基础、麻省理工学院的计算机科学及编程导论就使用 Python 语言讲授。众多开源的科学计算软件包都提供了 Python 的调用接口，如著名的计算机视觉库 OpenCV、三维可视化库 VTK、医学图像处理库 ITK。而 Python 专用的科学计算扩展库就更多了，如科学计算扩展库 NumPy、SciPy 和 Matplotlib，它们分别为 Python 提供了快速数组处理、数值运算及绘图功能。因此，Python 语言及其众多的扩展库所构成的开发环境十分适合工程技术、科研人员处理实验数据、制作图表，甚至开发科学计算应用程序等。

1.2.2　Python 语言特点

Python 是一种简单易学的语言，具备以下特点。

（1）简单。Python 是一种代表简单主义思想的语言，有极其简单的语法，容易上手。

（2）开源。Python 是 FLOSS（自由/开放源码软件）之一，可以自由地发布这个软件的拷贝、阅读它的源代码、对它做改动、把它的一部分用于新的自由软件中。

（3）可移植。由于它的开源本质，Python 已经被移植在许多平台上（经过改动使它能够工作在不同平台上）。如果小心地避免使用依赖于系统的特性，那么你的所有 Python 程序无须修改就可以在下述平台上运行，包括 Linux、Windows、FreeBSD、macOS、Solaris 等。

（4）解释性。Python 语言编写的程序不需要编译成二进制代码，可以直接从源代码运行程序。在计算机内部，Python 解释器把源代码转换成被称为字节码的中间形式，然后再把它翻译成计算机使用的机器语言并运行。事实上只需要把 Python 程序拷贝到另外一台计算机上，它就可以工作了，这使得 Python 程序更加易于移植。

（5）面向对象。Python 既支持面向过程的编程也支持面向对象的编程。在面向过程的语言中，程序是由过程或仅仅是由可重用代码的函数构建起来的。在面向对象的语言中，程序是由数据和功能组合而成的对象构建起来的。与其他主要的语言，如 C++ 和 Java 相比，Python 以一种非常强大又简单的方式实现面向对象编程。

（6）可扩展性。如果需要一段关键代码运行得更快或者希望某些算法不公开，可以把这部分程序用 C 或 C++ 编写，然后在 Python 程序中使用它们。

（7）丰富的库。Python 标准库非常庞大，它可以帮助我们处理各种工作，包括正则表达式、文档生成、单元测试、线程、数据库、网页浏览器、CGI、FTP、电子邮件、XML、XML-RPC、HTML、WAV 文件、密码系统、GUI（图形用户界面）、Tk 和其他与系统有关的操作。除标准库以外，还有许多其他高质量的库，如 wxPython、Twisted 和 Python 图像库等。

（8）规范的代码。Python 采用强制缩进的方式使得代码具有极佳的可读性。

1.3　Python开发环境搭建

所谓"工欲善其事，必先利其器"，在学习 Python 之前需要先搭建 Python 开发环境，包括 Python 解释器和集成开发环境的安装。Python 是跨平台的编程语言，Python 程序可以在不同系统上运行，常用的操作系统有 Windows、Linux、macOS。本节以 Windows 系统为例演示 Python 开发环境的搭建。

1.3.1　Python安装

建议初学者直接使用 Python 3.x。本书以 Python 3.8.x 为例演示在 Windows 操作系统下的 Python 安装过程。

（1）首先进入 Python 官网下载页面，选择对应版本，单击"Download"按钮下载，如图 1-1 所示。

Release version	Release date	Click for more	
Python 3.8.1	Dec. 18, 2019	Download	Release Notes
Python 2.7.17	Oct. 19, 2019	Download	Release Notes
Python 3.7.5	Oct. 15, 2019	Download	Release Notes
Python 3.8.0	Oct. 14, 2019	Download	Release Notes
Python 3.7.0	June 27, 2018	Download	Release Notes
Python 3.6.5	March 28, 2018	Download	Release Notes
Python 3.5.5	Feb. 5, 2018	Download	Release Notes
Python 2.7.14	Sept. 16, 2017	Download	Release Notes
Python 3.4.7	Aug. 9, 2017	Download	Release Notes

图 1-1　Python 官网下载页面

（2）双击下载的 exe 文件进行安装，勾选所有复选框，然后再单击"Customize installation"链接，选择自定义安装，进入下一步，如图 1-2 所示。

图 1-2　Python 安装方式的选取

（3）可以通过单击"Browse"按钮选择自定义安装路径，也可以在图 1-2 中直接单击"Install Now"链接进入默认安装界面，然后单击"Install"按钮后便可进行安装，如图 1-3 所示。

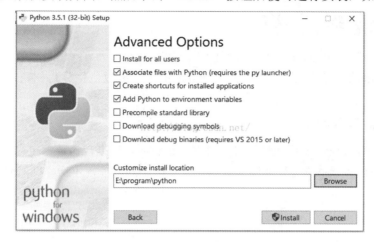

图 1-3　Python 默认安装

（4）检查 Python 是否安装成功，在命令窗口中输入"python"命令进行查询，若显示如图 1-4 所示的信息表示则安装成功。

图 1-4　检查 Python 安装

（5）运行"python"命令启动的是 Python 交互式编程环境，我们可以在命令提示符">>>"后面输入代码，按回车键即可看到执行结果，如图 1-5 所示。

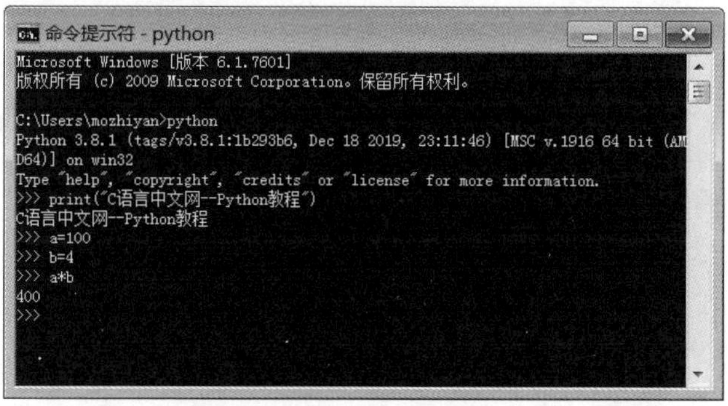

图 1-5　Python 交互式编程环境

在 Python 交互式编程环境的命令行按【Ctrl+Z】快捷键，或者输入"exit()"命令即可退出交互式编程环境，回到 Windows 命令行程序。

1.3.2 PyCharm安装

PyCharm 是目前 Python 语言最好用的集成开发工具之一。PyCharm 有两种版本可供选择，即 Professional（专业版，收费）和 Community（社区版，免费）。本书使用 Community 版本。

1. 安装 PyCharm

（1）下载 PyCharm 安装程序。打开官网下载页面，根据自己计算机上的操作系统进行选择，对于 Windows 系统选择如图 1-6 所示红色圈中的区域，单击"Download"按钮即可完成下载。

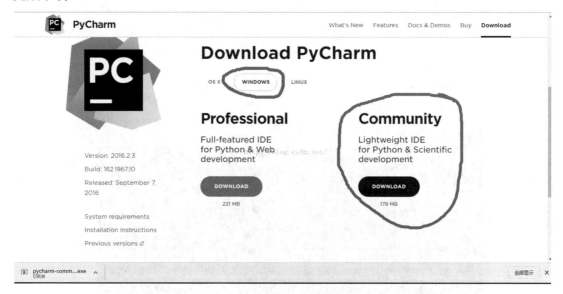

图 1-6 PyCharm 安装程序下载

（2）下载完成后，双击 PyCharm 安装程序，默认单击"Next"按钮即可进行安装。如果要修改安装路径，可以在如图 1-7 所示界面中进行安装路径的更改。

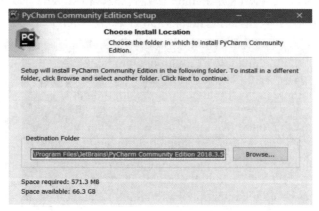

图 1-7 PyCharm 安装路径的修改

2．创建 PyCharm 项目

（1）双击桌面上的 PyCharm 图标，打开 PyCharm 启动界面，如图 1-8 所示。

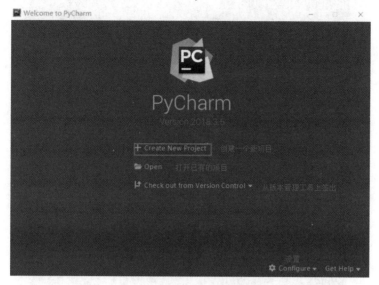

图 1-8　PyCharm 启动界面

（2）单击"Create New Project"链接，会出现设置项目名称和选择解释器的界面，如图 1-9 所示。

图 1-9　PyCharm 项目设置界面

（3）解释器默认使用 Python 的虚拟环境，如果不使用虚拟环境则要修改。如图 1-10（a）所示，单击图中"2"位置的浏览按钮，找到 Python 的安装目录，然后选择 Python.exe 文件，如图 1-10（b）所示。

（4）单击"Create"按钮即可完成新项目的创建，如图 1-11 所示。

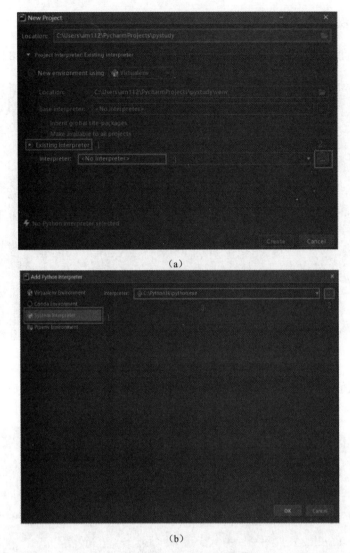

（a）

（b）

图 1-10 PyCharm 解释器的选取

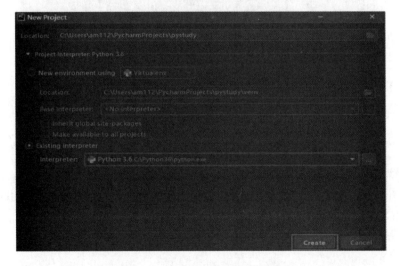

图 1-11 PyCharm 新项目的创建

➡ 3．创建 Python 文件

（1）在项目名称的位置单击鼠标右键，在弹出的快捷菜单中选择"New"→"Python File"命令，如图 1-12 所示，即可新建 Python 文件。

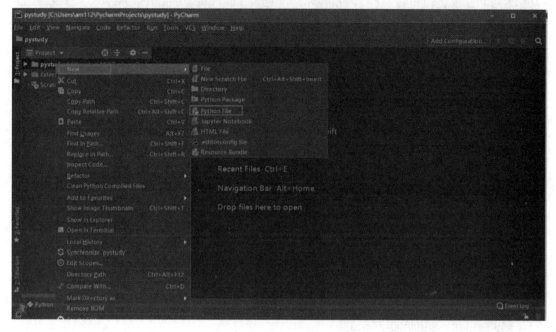

图 1-12　新建 Python 文件

（2）输入文件名称，单击"OK"按钮即可。在文件编辑区输入代码"print("nemo")"，然后在界面任意空白位置单击鼠标右键，在弹出的快捷菜单中选择"Run"命令，如图 1-13 所示。

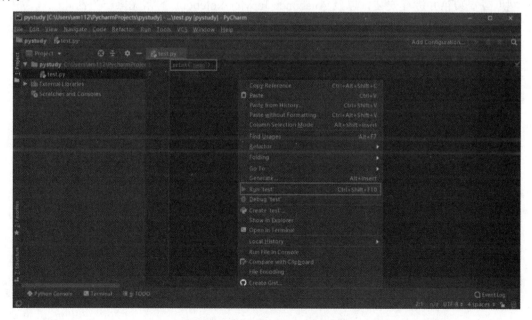

图 1-13　Python 文件的编辑

（3）在界面的下方，显示 Python 代码的运行结果，如图 1-14 所示。

图 1-14　Python 代码运行结果

1.3.3　Anaconda安装

Python 编程也可以使用 Anaconda。Anaconda 是一个开源的 Python 发行版本，其包含了 numpy、pandas 等 180 多个科学包及其依赖项，主要用于进行大规模的数据处理、预测分析、科学计算和机器学习。Anaconda 支持 Linux、macOS、Windows 系统，本小节介绍在 Anaconda 官网下载安装包并进行安装，以及 Anaconda Jupyter Notebook 的常见操作方法。

1．Anaconda 下载与安装

（1）打开 Anaconda 官网，找到个人版安装软件下载页面，如图 1-15 所示。

图 1-15　Anaconda 官网下载页面

（2）下拉页面，找到 Windows 系统应用软件，选取 64 位软件进行下载即可，如图 1-16 所示。

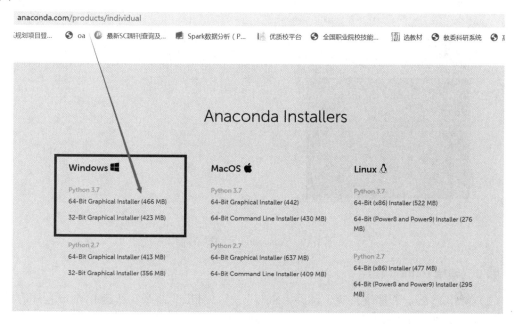

图 1-16　Anaconda 官网下载位置

（3）双击下载的安装包文件，选择安装路径，然后单击"Next"按钮进行默认安装即可。安装路径的选择如图 1-17 所示。

2．启动 Jupyter Notebook

打开开始菜单，找到 Anaconda3 下面的 Jupyter Notebook 图标并单击它，即可启动 Jupyter Notebook 程序，如图 1-18 和图 1-19 所示，注意启动后的命令窗口不能关闭，否则 Python 程序无法正常运行。

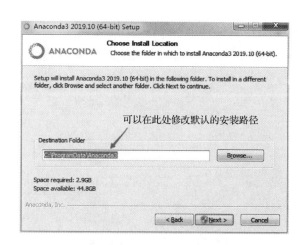

图 1-17　Anaconda 安装路径的选择

图 1-18　Jupyter Notebook 图标

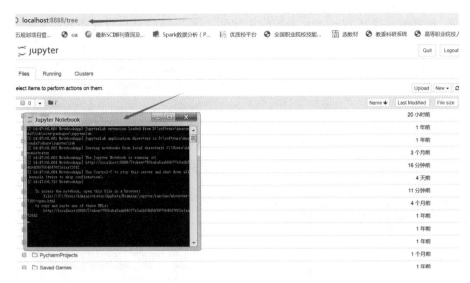

图 1-19　Anaconda 启动后界面

⊙ 3．编辑 Python 程序

（1）新建 Python 程序文件夹。选择"New"→"Folder"命令，新建 Python 程序存放目录文件夹，如图 1-20 所示。

图 1-20　新建 Python 程序存放目录文件夹

可修改文件夹的名称，首先勾选上要重命名的文件夹，再单击"Rename"按钮进行修改，如图 1-21 所示。

图 1-21　修改文件夹名称

（2）新建 Python 程序。选择"New"→"Python 3"命令，即可新建 Python 程序，可单击程序名"Untitled"修改程序名，如图 1-22 所示。

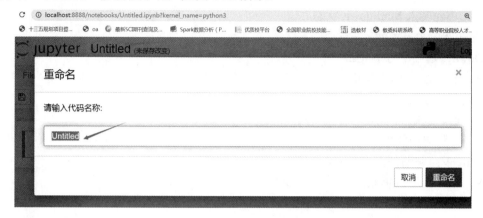

图 1-22　修改 Python 程序名

（3）编写我的第一个 Python 程序。

在单元格内输入以下 3 行代码：

```
a=5  #变量 a 的值为 5
b=4  #变量 b 的值为 4
a+b  #求 ab 的和
```

其中，"#"为单行注释符号，其后的内容为本行代码的解释说明内容，不参与代码运行，对代码没有影响。"a"和"b"为标识符，用于给变量、常量、语句块、函数、类、模块等命名，标识符的第一个字符必须是文字字符或下画线"_"，其他部分可以由文字字符、下画线或数字组成，不能是空格、@、%及$等特殊字符。自定义标识符时不能使用系统预留的有特别意义的保留字，如 def、if、else、for 等。

（4）Python 程序的运行调试。单击"运行"按钮即可运行代码，如图 1-23 所示，本单元的运行也可直接按【Shift+Enter】快捷键。

图 1-23　运行程序

● 4．Jupyter Notebook 常用快捷键

（1）命令模式（Esc 键启动）。

Shift+Enter：运行本单元，选中下个单元。

Ctrl+Enter：运行本单元。

Alt+Enter：运行本单元，在其下插入新单元。

Y：单元转入代码状态。

M：单元转入 Markdown 状态。

Up：选中上方单元。

Down：选中下方单元。

A：在上方插入新单元。

B：在下方插入新单元。

X：剪切选中的单元。

C：复制选中的单元。

Shift+V：粘贴到上方单元。

V：粘贴到下方单元。

Z：恢复删除的最后一个单元。

DD：删除选中的单元。

Shift+M：合并选中的单元。

（2）编辑模式（Enter 键启动）。

Tab：代码补全或缩进。

Shift+Tab：提示。

Ctrl+A：全选。

Ctrl+Z：复原。

Ctrl+Up：跳到单元开头。

Ctrl+End：跳到单元末尾。

Esc：进入命令模式。

Ctrl+M：进入命令模式。

1.4 我的第一个Python程序

```
'''
    我的第一个 Python 程序——计算圆的面积
'''
r=5    #r 为半径
s=3.1415926*r*r
print('s=',s)
```

上面是我的第一个 Python 程序，功能为计算圆的面积。编写 Python 程序要遵循 Python 的编程规范，包括语句、分割、续行、注释、缩进等。在编程过程中，经常会出现一些错误，Python 将出现的错误分为错误和异常两种。错误主要指语法错误，如符号遗漏、关键字拼写错误、缩进错误等，在错误提示中会有红色波浪线提示。

1.4.1 语句分割与续行

Python 通常一个语句放一行，当语句或输出的代码过长时，需要使用续行符进行上下行间的衔接，主要包括了\，()，"""string"""等方法。

```
#1. 表达式续行
a = 1 + \
2
print(a)

# 2. 利用括号括住分开在多行的表达式，实现续行
a = (
1+
2+
3
)
print(a)

# 3. 利用块注释的方式实现续行
print("""
    _____                    _
   / ____)                  | |
  |/           ___    ___   | |
  ||          /_\    /_\   | |
  |\___|    |_|  |_|  | |
   \_____)__/\__/    |_|

""")
```

1.4.2　注释

Python 注释不参与程序的执行，起解释说明或描述的作用。Python 注释分为块注释、行注释和文档注释。

块注释通常用在一段代码前，用符号"#"开头，其后加一个空格。例如：

```
# 这是块注释段落 1
#
# 这是块注释段落 2
```

行注释为在一句代码后加的注释，用符号"#"开头，一般在代码后加 2 个空格，"#"后加一个空格。例如：

```
x=x+1   # x 值加 1
```

文档注释主要用于对模块、函数、类、方法等进行文档描述，用三个单引号或三个双引号表示，注释内容放在引号中间，可以放多行。例如：

```
'''
简易学生系统 v1.0
2020.12.19
susu
'''
```

1.4.3　缩进与空行

Python 用 4 个空格来缩进代码。注意，绝对不要用 Tab 键，也不要 Tab 键和空格混用。对于行连接的情况，要么垂直对齐换行的元素，要么使用 4 个空格的悬挂式缩进。

Python 空行规则如下：类和顶层函数定义之间空两行，类中的方法定义之间空一行，函数内逻辑无关的段落之间空一行，其他地方尽量不要再空行。

1.5　素质拓展

在全国计算机等级考试二级"Python 语言程序设计"考试中，程序控制结构部分明确指出要求掌握如下内容。

➢ Python 语言概述：程序运行、编程方法（输入输出）、语言特点。

➢ Python 语言基本语法元素：程序的格式框架、缩进、注释、基本输入输出函数、源程序的书写风格。

【拓展训练】

1.5 拓展训练答案

一、选择题

1. 以下关于 Python 程序语法元素的描述，错误的选项是（　　）。

   A. 段落格式有助于提高代码可读性和可维护性

   B. 虽然 Python 支持中文变量名，但从兼容性角度考虑还是不要用中文名

   C. true 并不是 Python 的保留字

   D. 并不是所有的 if、while、def、class 语句后面都要用"："结尾的

2. 以下选项不属于 Python 语言特点的是（　　）

   A. 支持中文　　　　　　　　　　　B. 平台无关

   C. 语法简洁　　　　　　　　　　　D. 执行高效

3. 如果 Python 程序执行时，产生了"unexpected incident"的错误，其原因是（　　）。

   A. 代码中使用了错误的关键字　　　B. 代码中缺少"："符号

   C. 代码中的语句嵌套层次太多　　　D. 代码中出现了缩进不匹配的问题

4. 下面叙述错误的是（　　）。

   A. 程序调试通常也称为 Debug

   B. 对被调试的程序进行"错误定位"是程序调试的必要步骤

   C. 软件测试应严格执行测试计划，排除测试的随意性

   D. 软件测试的目的是发现错误并改正错误

5. 下面属于应用软件的是（　　）。

   A. 编译程序　　　　　　　　　　　B. 操作系统

   C. 教务管理系统　　　　　　　　　D. 汇编程序

6. 下列选项中不属于结构化程序设计原则的是（　　）。

   A. 逐步求精　　　　　　　　　　　B. 逐步求精

C．模块化　　　　　　　　　　　D．可封装

二、判断题

1．Python 是一种跨平台、开源、免费的高级动态编程语言。（　　　）

2．Python 3.x 完全兼容 Python 2.x。（　　　）

3．Python 3.x 和 Python 2.x 唯一的区别就是：print 在 Python 2.x 中是输出语句，而在 Python 3.x 中是输出函数。（　　　）

4．在 Windows 操作系统上编写的 Python 程序无法在 UNIX 操作系统上运行。（　　　）

5．不可以在同一台计算机上安装多个 Python 版本。（　　　）

第2章 Python语法基础

Python作为一门通用编程语言，像其他编程语言一样，需要提供一些基本的语法规则，开发者需要遵循这些规则来书写代码，这样Python的解释器就能通过分析这些符合Python语法规则的代码来执行相应操作，这也是Python作为一种动态语言执行的过程。本章将从标识符与保留字、数据类型、常量和变量、运算符和表达式、类型转换等方面开始Python语言的学习。

学习目标

- 掌握Python常用保留字。
- 掌握变量定义的原则。
- 掌握基础数据类型。
- 掌握变量、常量、字面常量。
- 掌握不同数据类型之间的转换。
- 掌握常用运算符，以及Python中表达式的书写方式。
- 掌握Python的输入/输出操作。

2.1 标识符与保留字

编程语言（Programming Language）可以简单地理解为一种计算机和人都能识别的语言。这样一种介于机器和人之间的语言，必然需要一系列人和计算机都能识别的语法对象，这些对象中最基本的就是标识符。

2.1.1 标识符

标识符（Identifier）是指用来标识某个实体的一组符号。在计算机编程语言中，标识符是开发人员在编程时使用的名字，用于给变量、常量、语句块、函数、类、模块等命名，建立名称与程序实体间的关系，这样在代码中可以通过名称来使用与之对应的程序实体。标识符通常由字母、数字及其他字符构成。

生活中有很多标识符的直观例子，如每辆上路行驶的汽车都有车牌号，车牌号就是标识符，而每辆车就是对应的实体，如图 2-1 所示。此外，每个人都有姓名、街道上每栋建筑都有门牌号等，这里的姓名、门牌号就是标识符，而与之对应的具体的人、建筑就是实体。

在 Python 语言中，我们需要为各种程序实体命名，例如在前面章节中使用到的打印函数，它的函数名就是"print"，"print"对应的就是"将给定的值输出到屏幕上"，当我们在代码中使用"print"时，就表示我们需要在这里使用打印相关功能。

图 2-1　车牌与汽车

在程序中我们会用到大量标识符，其中有系统提供的，也有自己定义的，下面就是一个例子。

【例 2.1】　代码展示：

```
userInput = input('请输入一段文字：')
print('你输入的内容是：',userInput )
```

运行结果：

```
请输入一段文字：Python 是一门优秀的编程语言
你输入的内容是：Python 是一门优秀的编程语言
```

这段代码的功能是将输入的文字原样输出，其中的"input""userInput""print"等就是 Python 中的标识符，"input"和"print"是系统提供的内置函数，分别是取得用户的输入和输出指定的信息，可以直接使用；而"userInput"是自定义变量的标识符，在这里它的作用是保存用户输入的一段文字。

知道什么是标识符后，我们继续了解一下 Python 语言中使用标识符有哪些要求。

首先，标识符的第一个字符必须是文字字符（汉字、英文、俄文等）或下画线（_）。标识符的其他部分可以由文字字符（汉字、英文、俄文等）、下画线（_）或数字（0～9）组成，不能是空格、@、%及$等特殊字符。如下面展示的标识符都是正确的使用方式。

【例 2.2】　代码展示：

```
Name            #全英文字符
_age            #下画线起始，后接英文字符
车牌号          #中文字符
Id4Myself       #中间包含数字
_init_fun_      #中间包含下画线
```

下面展示的标识符都是错误的使用方式。

【例 2.3】　代码展示：

```
2peoples              #使用了数字作为标识符的第一个字符
this is not a symbol  #单一标识符中间不能使用空格隔开
my-id                 #减号等符号在 Python 中作为操作符，不能用作标识符的一部分
```

其次，Python 中标识符名称是对大小写敏感的。例如，myname 和 myName 不是同一个标识符，注意前者的小写 n 和后者的大写 N。

最后，自定义标识符不能使用 Python 语言的保留字，关于保留字将在下一节中讲解。

2.1.2　保留字

保留字是编程语言里事先定义的、有特别意义的标识符，也被称为"关键字"。这些特殊的字符有其特殊的作用，如函数的定义（def）、包的导入（import）等。由于已经由系统预先定义了保留字的功能，在编写程序时就不能再将保留字作为变量名、函数名等其他用途。

Python 的标准库提供了一个 keyword 模块，可以用于输出当前版本的所有保留字。

【例 2.4】 代码展示：

```
import keyword                                    #载入 keyword 模块
print("Python 中的关键字有：",keyword.kwlist)      #打印关键字列表
```

运行结果：

Python 中的关键字有： ['False', 'None', 'True', 'and', 'as', 'assert', 'break', 'class', 'continue', 'def', 'del', 'elif', 'else', 'except', 'finally', 'for', 'from', 'global', 'if', 'import', 'in', 'is', 'lambda', 'nonlocal', 'not', 'or', 'pass', 'raise', 'return', 'try', 'while', 'with', 'yield']

以上 33 个标识符就是 Python 中的全部保留字，如果在编程过程中使用这些保留字作为自定义标识符，将会触发异常并抛出语法错误（SyntaxError）。

【例 2.5】 代码展示：

```
True = 100    #将逻辑真关键字作为一个变量，并为它赋值
```

运行结果：

SyntaxError: can't assign to keyword

程序触发异常，并结束执行。

因此，在编写程序的过程中，要避免使用保留字作为自定义标识符。为了方便开发者在开发过程中能识别保留字，现在大多数集成开发环境或支持语法高亮显示的文本编辑器，都会自动识别编程语言中的保留字，并突出显示。

本节只是简单地介绍 Python 保留字，具体的使用将在后续章节中介绍。为了便于学习与记忆，将关键字分为六类，包括特殊值保留字、运算符保留字、变量作用域保留字、函数定义保留字、程序流程控制保留字和其他保留字。

作为特殊值使用的保留字，主要有 False、True 和 None，如表 2-1 所示。

表 2-1　特殊值保留字

名　　称	作　　用	说　　明
False	作为布尔型（逻辑类型）的逻辑"假"值	注意，这三个保留字的首字母为大写
True	作为布尔型（逻辑类型）的逻辑"真"值	
None	NoneType 类型的唯一值。None 经常用于表示缺少值，如当函数没有主动返回值时，默认会返回 None 作为函数的返回值	

用作逻辑运算符、成员运算符，以及身份运算符的保留字，主要有 and、or、not、in 和 is，如表 2-2 所示。

表 2-2　运算符保留字

名　　称	作　　用	说　　明
and	用作逻辑"与"操作符	详见操作符章节
or	用作逻辑"或"操作符	
not	用作逻辑"非"操作符	
in	成员运算符	
is	身份运算符	

用于指定变量作用域的保留字，主要有 global 和 nonlocal，如表 2-3 所示。

表 2-3　变量作用域保留字

名　　称	作　　用	说　　明
global	指明变量为全局变量	详见函数章节
nonlocal	指明变量为非局部变量	

用于定义函数的保留字，主要有 def、lambda、return 和 yield，如表 2-4 所示。

表 2-4　函数定义保留字

名　　称	作　　用	说　　明
def	定义函数	详见函数章节
lambda	定义匿名函数（拉姆达表达式）	
return	函数返回值	
yield	用于创建生成器	

用于程序流程控制的保留字，主要有 if、else、elif、for、while、break、continue、try、except、raise、finally 等，如表 2-5 所示。

表 2-5　程序流程控制保留字

名　　称	作　　用	说　　明
if	用于选择结构	详见程序结构章节
else		
elif		
for	用于循环结构	
while		
break		
continue		
try	异常处理	
except		
raise		
finally		

其他保留字如表 2-6 所示。

表 2-6　其他保留字

名　　称	作　　用	说　　明
class	定义类	详见面向对象章节
pass	定义空代码块	当一个语句块中没有数据的时候，使用 pass 保留字表示当前代码块为空
with	创建上下文管理器	

续表

名　　称	作　　用	说　　明
as	为标识符取别名，与 import、with、except 等保留字联用	
del	删除一个标识符	
import	载入模块（包）	详见函数章节
from	与 import 配合使用	
assert	断言	

 知识点提示：在 Python 语言中，除了这 33 个保留字，还有大量的内置函数（详见函数章节）。内置函数的函数名不是保留字，但是这些内置函数被大量使用，因此，建议在定义标识符时也避开这些内置函数名。

巩固提高

判断下列选项中，属于 Python 保留字的有哪些？可以用作标识符的有哪些？并回答为什么。

2.1 巩固提高答案

A：key　B：oneCar　C：一辆车　D：class　　　E：1Cooke　　F：for

G：i　　H：The var　I：x-y　J：__init__　　K：withYou　　L：64B

M：int2bool　N：print　O：pass

2.2　数据类型

计算机能够处理各式数据，当使用编程语言操作计算机进行数据处理时，需要明确地告诉计算机当前操作的数据是什么样的，以及在这样的数据上能进行何种操作。这样也就导出了"数据类型"在计算机领域的定义：数据类型是一个值的集合和定义在这个值集上的一组操作的总称。

作为通用编程语言，Python 提供了丰富的基础数据类型供开发人员使用，通过运用这些基础数据类型，还可以自定义复合类型，使得 Python 编程语言具有强大的表达能力。

编程语言根据其使用数据类型的方式，可以从两个维度对编程语言进行分类，这两个维度分别是：数据类型间的强弱和变量数据类型是否可变。

● 强数据类型：当操作在不同数据类型间进行时，偏向于不进行隐式类型转换。

● 弱数据类型：当操作在不同数据类型间进行时，会进行隐式类型转换。

● 静态数据类型：编译时就知道每个变量的类型，当变量的类型确定后就不能更改。

● 动态数据类型：编译时不知道每个变量的类型，需要在执行过程中根据值的类型来确定变量的类型，在这个过程中变量的类型会发生改变。

根据上述定义，Python 是动态强类型语言。Python 语言的变量在程序运行期间会根据当前变量的值而改变类型，而且当某个操作的操作数是不同类型时，Python 倾向于不进行隐式的数据转换，比如加法操作 100+"200"，前一个操作数是一个整数类型，后一个操作数是一个字符串，当 Python 中出现这样的情形时会抛出一个类型异常，表示操作数不匹配。

这里使用一个分类图作为不同编程语言所属类型的参考，如图 2-2 所示。

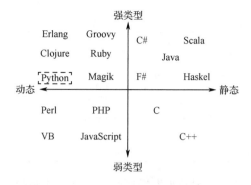

图 2-2　编程语言分类图

在 Python 语言中提供的基础类型包括 Number 数值型、String 字符串、Bool 布尔型，可通过 type()函数查看数据的类型。下面开始分别学习这 3 种基础数据类型。

2.2.1　数值型

Python 支持整数（int）、浮点数（float）及复数（complex）3 种数值型。

●1．整数类型（int）

像大多数语言一样，数值型的赋值和计算都是很直观的。整数类型的取值范围在理论上没有限制，实际上受限制于运行 Python 程序的计算机内存的大小。Python 整数类型的数据格式如表 2-7 所示。

表 2-7　整数类型的数据格式

整　　　数	int
十进制 100	100
十进制-100	-100
二进制 4	0b100/0B100
二进制-4	-0b100/-0B100
八进制 64	0o100/0O100
八进制-64	-0o100/-0O100
十六进制 256	0x100/0X100
十六进制-256	-0x100/-0X100

注意：八进制表示法中，数字前的 0o/0O 是数字零（0）和字母（O）。

●2．浮点数类型（float）

浮点数类型表示有小数点的数值。浮点数有两种表示方法：小数表示和科学计数法表示。浮点数类型的数据格式如表 2-8 所示。

表 2-8　浮点数类型的数据格式

浮　点　数	float
零值	0.0
正数	1.0

续表

浮 点 数	float
负数	−1.0
整数	10.
小数	.1415
π	3.141592653589793
科学表示法	1.0e+6

Python 浮点数类型的取值范围和小数精度受不同计算机系统的限制,可以通过系统模块查看当前的浮点数信息,如最大表示范围、最小范围、精度、十进制指数范围等,具体如表 2-9 所示。

表 2-9 浮点数信息

名 称	说 明
max	浮点数最大范围
max_exp	使得 radix$^{max\_exp-1}$ 是浮点数成立的最大指数
max_10_exp	十进制指数的最大范围
min	浮点数的最小范围
min_exp	使得 radix$^{min\_exp-1}$ 是浮点数成立的最小指数
min_10_exp	十进制指数的最小范围
dig	十进制下能够表示的最大位数
mant_dig	基于 radix 的最大位数
epsilon	浮点数精度,表示最小大于 1 的浮点数与 1 的差值
radix	浮点数中指数的基
rounds	整型常量的舍入模式,依赖于 C 语言实现,可以查询 C99(C 语言标准)中的 FLT_ROUNDS 宏定义。如果该值是 1 表示就近舍入,即四舍五入

【例 2.6】 代码展示:

```
import sys            #引入系统模块
print(sys.float_info)  #显示当前平台的浮点数信息
```

运行结果:

sys.float_info(max=1.7976931348623157e+308,max_exp=1024,max_10_exp=308, min=2.2250738585072014e-308,min_exp=-1021,min_10_exp=-307,dig=15,mant_dig=53,epsilon=2.220446049250313e-16,radix=2,rounds=1)

浮点数在计算机内部的表示方式有别于整数,按照 IEEE754 标准,可使用 32 位或 64 位二进制数表示一个浮点数。二进制数包含 3 部分,分别是符号位、阶码和尾数,如图 2-3 所示。

符号位	阶码	尾数
S	E	M

图 2-3 浮点数结构

- 符号位(S):S=0 表示正数,S=1 表示负数。
- 阶码(E):指明了小数点在数据中的位置。
- 尾数(M):表示浮点数的有效位数,以小数表示。

这种表示方式类似于科学计数法,由公式 $(1-2S)*(radix^E)*M$ 可计算出二进制数表示的浮点数。由于二进制数是离散的，而浮点数是连续的，那么使用二进制数计算浮点数必然不是一个精确的结果。

【例 2.7】 代码展示：

```
print(0.1+0.1+0.1)
```

运行结果：

```
0.30000000000000004
```

从上面的例子可以看出，使用浮点数进行计算只能得出一个近似的结果。因此，在使用浮点数时，需要考虑到精度问题。如果需要精确处理数据，那么可以使用 Python 提供的 Decimal 模块，该模块提供精确的运算结果。

【例 2.8】 代码展示：

```
from decimal import Decimal                          #载入 Decimal 模块
print(Decimal("0.1")+Decimal("0.1")+Decimal("0.1"))  #使用 Decimal 计算
```

运行结果：

```
0.3
```

3. 复数类型（complex）

在 Python 中，使用一个数值后边加字母 j/J，表示复数的虚部。复数可以看作二元有序实数对(a, b)，表示 a+bj，其中，a 是实数部分，b 为虚数部分。复数类型的数据格式如表 2-10 所示。

表 2-10　复数类型的数据格式

复　　数	complex
虚部	3.14j
实部+虚部	0.866 + 0.5j
实部	1.0+0.0j

这里介绍一个内置函数 type()，该函数可以用来查询变量当前的数据类型。例 2.9 结合 print()函数来展示不同的数值型的表示方式。

【例 2.9】 代码展示：

```
print(type(1))             #整数数据
print(type(3.1415))        #浮点数数据
print(type(0.866 + 0.5j))  #复数数据
```

运行结果：

```
<class 'int'>
<class 'float'>
<class 'complex'>
```

 巩固提高

1. 使用 print()函数分别输出整数、浮点数和复数数据。
2. 分别使用浮点数和 Decimal 类型来计算 0.1+0.2。
3. 查看 Python 的浮点数信息。

2.2.1 巩固提高答案

2.2.2 字符串

字符串是 Python 中最常用的数据类型。我们可以使用引号（单引号、双引号和三引号）作为界定符来创建字符串。

【例 2.10】 代码展示：

```
Str1 = '单引号字符串'              #使用单引号创建字符串
Str2 = "双引号字符串"              #使用双引号创建字符串
Str3 = """三引号字符串"""          #使用三个双引号创建字符串，也可以使用三个单引号
print(Str1)                      #输出字符串
print(Str2)                      #输出字符串
print(Str3)                      #输出字符串
```

运行结果：

```
单引号字符串
双引号字符串
三引号字符串
```

在 Python 中没有字符的概念，只有字符串的概念，这是和其他编程语言有区别的地方。下面看一个例子。

【例 2.11】 代码展示：

```
Str1 = 'a'                       #单个字符
Str2 = 'abc'                     #多个字符
print(type(Str1))               #输出 Str1 的类型
print(type(Str2))               #输出 Str2 的类型
```

运行结果：

```
<class 'str'>
<class 'str'>
```

可见，在 Python 中，只有一个字符的情况下，也是字符串型。此外，在 Python 中使用三种不同的引号也有一些不同的作用，其中比较特殊的是三引号的情况，三引号允许一个字符串跨多行，字符串中可以包含换行符、制表符及其他特殊字符。下面看一个例子。

【例 2.12】 代码展示：

```
Str1 = '单引号中可以直接使用双引号（"）'       #单引号中使用双引号
Str2 = "双引号中可以直接使用单引号（'）"       #双引号中使用单引号
Str3 = """使用三引号可以
直接定义多行字符串
而不需要使用转义字符"""                        #使用三引号创建多行字符串
print(Str1)                                  #输出字符串
print(Str2)                                  #输出字符串
print(Str3)                                  #输出字符串
```

运行结果：

```
单引号中可以直接使用双引号（"）
双引号中可以直接使用单引号（'）
使用三引号可以
直接定义多行字符串
而不需要使用转义字符
```

使用单引号和双引号定义字符串，如果需要定义多行字符串，需要用到换行转义字符（\n）。再看下面的例子，这里使用了两个转义符，换行符（\n）和续行符号（\）。

【例 2.13】 代码展示：

```
Str1 = '使用换行转义字符\n，可以换行'
Str2 = '使用续行转义符，\
可以在字符串比较长的时候使用续行符，\
分多行定义字符串，但是没有换行效果'
print("输出第一个字符串：",Str1)                    #输出字符串
print("输出第二个字符串：",Str2)                    #输出字符串
```

运行结果：

```
输出第一个字符串：  使用换行转义字符
，可以换行
输出第二个字符串：使用续行转义符，可以在字符串比较长的时候使用续行符，分多行定义字符串，
但是没有换行效果
```

在 Python 中，字符串支持很多不同的转义字符，常见转义字符如表 2-11 所示。

表 2-11　常见转义字符

转 义 字 符	描　　　　述
\	在行尾时为续行符
\\	反斜杠符号，需要在反斜杠前边再多加一个反斜杠
\'	单引号，如果使用单引号来定义字符串，但是又需要在字符串使用单引号，这时就需要对单引号进行转义
\"	双引号，同上
\b	退格（Backspace）
\a	响铃
\n	换行
\v	纵向制表符
\t	横向制表符
\r	回车

 知识点提示：在 Python 中，三引号字符串还有其他一些用途，如作为多行注释、文档字符串等。其中文档字符串（DocString）是用于自动生成程序的帮助文档，或者由 help() 函数提取的字符串。

文档字符串一般使用三引号定义在模块、函数、类代码块的首行，而且不用定义变量名，文档字符串会被自动保存到名为"__doc__"的特殊变量中。

巩固提高

1. 使用 input() 函数取得输入的字符串，并使用 print() 函数打印出来。

2. 编写简短的程序，打印如下内容：你的姓名、你的生日、喜欢的颜色。格式如下：

2.2.2 巩固提高答案

```
********************************************
你的姓名
你的生日
喜欢的颜色
********************************************
```

2.2.3 布尔型

布尔型代表真假值，通常用在条件判断和循环语句中。Python 为布尔型定义了两个值，分别是 True 代表真值、False 代表假值，True 和 False 是 Python 提供的保留字。其实任何对象都可以转换成布尔型，也可以直接用于条件判断。类型转换将在后面的 2.5 节中讲解，这里先展示布尔型。

【例 2.14】 代码展示：

```
print(True)
print(False)
```

运行结果：

```
True
False
```

也可以使用 type()函数来查看 True 和 False 的类型。

【例 2.15】 代码展示：

```
print(type(True))
print(type(False))
```

运行结果：

```
<class 'bool'>
<class 'bool'>
```

不仅可以直接使用 True 和 False 来使用布尔型，实际上很多操作的结果也是布尔型的，在这里先展示几个，具体内容将在后续逻辑运算符章节详细讲述。

【例 2.16】 代码展示：

```
print(3>2)
print(type(3>2))
print(3<2)
print(type(3<2))
```

运行结果：

```
True
<class 'bool'>
False
  <class 'bool'>
```

 巩固提高

1．'true'是布尔型吗？为什么？

2．False 是布尔型吗？为什么？

3．表达式 100 > 50 运行结果的类型是（   ）。

　　A．布尔型　　　　B．字符串　　　　C．数值型　　　　D．整型

2.2.3 巩固提高答案

2.3　常量和变量

常量与变量是程序设计中经常用到的两个概念。在程序设计中常量是指程序运行过程中值不变的对象，与之对应，变量是在程序运行过程中值不断变化的对象。

2.3.1　常量

常量的广义概念是不变化的量。在编程语言中有两种类型的常量，一种是"具名常量"，另一种为"字面常量"。

具名常量实际上可以看成一种不能修改值的变量，具有一个符合 Python 标识符规则的名称。在程序运行期间不能修改具名常量的值，但是可以通过名称引用具名常量的值。在 Python 中不支持原生的具名常量，只能通过约定命名方式，人为地提供的具名常量。

字面常量是用于源代码中一个固定值的表示法，而且根据不同的数据类型，其表示的方式有所区别，如 25、0 为整型常量，6.8 为实型常量，"abc""xyz"为字符串常量。字面常量一般从其字面形式即可判断。在 Python 中为了能人为控制字面常量的类型，也提供了一些控制方法，主要是通过在字面常量的前面添加特定的标识符来实现的，前面的"数据类型"章节中也有所展示。

字面常量主要有整型、浮点型、复数型、布尔型、字符串型、空值等。复数与字符串型，已经在前面的章节中展示过，下面重点介绍整型和浮点数类型的字面常量表示方式。

1. 整型常量

整型常量的表示方法如表 2-12 所示。

表 2-12　整型常量表示方法

十进制表示法	使用 0 至 9，但首字母不能为 0，如 15、123、100 等
二进制表示法	使用 0b/0B 开始，后面紧接 0、1 组成的二进制值，如 0b1111 表示二进制的 15
八进制表示法	使用 0o/0O 开始（数字 0 加字母 O），后面紧接 0～7 组成的八进制值，如 0o17 表示八进制的 15
十六进制表示法	使用 0x/0X 开始（数字 0 加字母 O），后面紧接 0～9 及 a、b、c、d、e、f 组成的十六进制值，如 0xf 表示十六进制的 15

【例 2.17】　代码展示：

```
#整型
print(type(15))          #使用十进制表示的整数
print(type(0b1111))      #使用二进制表示的整数
print(type(0o17))        #使用八进制表示的整数
print(type(0xf))         #使用十六进制表示的整数
```

运行结果：

```
<class 'int'>
<class 'int'>
<class 'int'>
<class 'int'>
```

2. 浮点型常量

浮点型常量的表示方法如表 2-13 所示。

表 2-13　浮点型常量表示方法

小数表示法	使用数字 0 至 9 加小数点表示，有 3 种情况： 小数点两边都有数字：3.1415； 小数点左边没有数字：.1415； 小数点右边没有数字：3.
科学计数法	科学计数法的格式是：aEb 或者 aeb，表示 $a×10^b$； 其中 a 表示有效数字，是可以带正负号的小数或整数；b 表示幂数，是可带正负号的整数。 例如： 1.1e2 表示 $1.1×10^2$，结果为 110.0 的浮点数； 0.1e2 表示 $0.1×10^2$，结果为 10.0 的浮点数； 123e−2 表示 $123×10^{-2}$，结果为 1.23 的浮点数

【例 2.18】　代码展示：

```
#浮点
print(type(3.1415))      #小数标识法
print(type(.1415))       #小数标识法
print(type(3.))          #小数标识法
print(type(1.1e2))       #浮点数 110.0 的科学表示法
print(type(.1e2))        #浮点数 10.0 的科学表示法
print(type(1.e2))        #浮点数 100.0 的科学表示法
print(type(123e-2))      #浮点数 1.23 的科学表示法
```

运行结果：

```
<class 'float'>
<class 'float'>
<class 'float'>
<class 'float'>
<class 'float'>
<class 'float'>
<class 'float'>
```

3. 布尔型常量

Python 为布尔型提供了真值和假值两个字面常量，分别是 True 和 False。

【例 2.19】　代码展示：

```
#布尔型常量
print(type(True))        #布尔型的真值字面常量
print(type(False))       #布尔型的假值字面常量
```

运行结果如下：

```
<class 'bool'>
<class 'bool'>
```

4. 空类型常量

在 Python 中，还有一个特殊的类型"空类型"，空类型只有一个值"空值"。空值是一种特殊的值，表示变量中没有任何实际的值。Python 为"空类型"提供的字面常量是"None"。空值主要用于与变量进行比较，判断变量是否引用非空对象，往往配合选择、循环等语法结构来使用。

【例 2.20】 代码展示：

```
#空类型常量
print("空值字面常量：",None)        #空值字面常量
print("空类型：",type(None))        #空类型
```

运行结果：

```
空值字面常量：None
空类型：<class 'NoneType'>
```

字面常量在 Python 中常用于变量的初始化。Python 作为动态类型语言，变量的类型是由值决定的，所有在为变量赋值时，需要通过字面常量来控制变量的类型。

 巩固提高

1．浮点型字面常量的写法是什么？
2．布尔型字面常量的写法是什么？
3．整型字面常量的写法是什么？
4．字符串常量的写法是什么？

2.3.1 巩固提高答案

2.3.2 变量

在学习变量前先看一个例子，假设需要输出一些关于个人的信息，包括姓名、年龄、描述等。

【例 2.21】 代码展示：

```
print("约翰今年 18 岁了，他来到新的城市。")
print("约翰在过去的 18 年里一直在老家生活。")
print("现在，18 岁的约翰将开始新的人生。")
```

运行结果：

```
约翰今年 18 岁了，他来到新的城市。
约翰在过去的 18 年里一直在老家生活。
现在，18 岁的约翰将开始新的人生。
```

现在我们发现这段信息不仅仅适用于约翰，也适用于其他人，如果需要为其他人输出这段信息，需要修改字符串中的人名及年龄。当然，这里只有三行代码，修改起来还是比较容易的，但是考虑到复杂的情况，如果有成千上万行代码需要修改会怎么样？而且设计程序的目的本来就是让计算机完成机械重复的操作，如果每当需要输出不同人员信息的时候，都需要手动修改代码，那么程序设计的意义又何在？为了能完成为不同人员输出信息，我们需要学习一个新的概念，变量。

变量是一种非常常用的标识符，它能让开发者把程序中准备使用的每段数据都赋给一个简短、易于记忆的名字。变量可以看成一个小箱子，专门用来"盛装"程序中的数据。每个

变量都拥有"独一无二"的名字，通过变量的名字就能找到变量中的数据。例如，变量可以保存程序运行时用户输入的数据待后续使用；或者将特定运算的结果保存在变量中，以便后续代码使用等。简而言之，变量是程序运行过程中用于保存数据的一类标识符。

在 Python 中，变量是实际对象的引用，对象才是实际保存数据的地方。为了便于理解，我们把计算机中的内存看作一个有很多格子的柜子，每个格子都可以"盛装"数据；每个格子有一个"编号"，通过这个"编号"就可以找到对应的格子，这样就可以在格子中放入或取出数据了；可以通过"编号"直接去操作"格子"，也可以将这些编号告诉其他人，让其他人去指定格子寻找数据；"编号"就是对实际"格子"的引用。为了便于使用，Python 将编号取了一个别名，就是变量名。

为了便于理解 Python 中变量的概念，可以参考如图 2-4 所示的变量存储示意图。

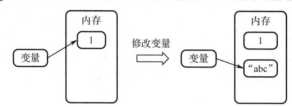

图 2-4　变量存储示意图

Python 作为动态类型语言，在定义变量时不需要显式地指定变量的类型，通过直接为一个没有使用过的变量名赋值，就可以定义一个新的变量。语法如下：

变量名 = 初始值

通过变量名可以在后面的代码中使用保存在变量中的值；此外变量名是标识符的一种，因此变量名的命名必须符合 Python 中标识符命名规范。

（1）标识符是由字符（A~Z 和 a~z）、下画线和数字组成的，但第一个字符不能是数字。

（2）标识符不能和 Python 中的保留字相同。

（3）Python 中的标识符中，不能包含空格、@、%及$等特殊字符。

（4）标识符中的字母是严格区分大小写的。

初始值是在定义变量时赋予变量的值，这个值决定了变量当前的值与类型，并且变量必须先赋值（也就是定义），才可以在后面的代码中使用。下面的例子展示的是在 Python 中如何定义变量。

【例 2.22】　代码展示：

```
#定义变量
counter = 1024                    #为变量 counter 赋整型的值
name = "John"                     #为变量 name 赋字符串型的值
print("counter 的值为：",counter)  #输出变量 counter 的值
print("name 的值为：",name)        #输出变量 name 的值
```

运行结果：

```
counter 的值为：1024
name 的值为：John
```

注意，在 Python 中定义变量时，必须为变量赋一个初值，这和其他编程语言有点不一样。如果不赋初值就直接使用变量名，Python 不会认为在定义变量，而是认为在使用一个未定义的变量，将会抛出异常。

【例 2.23】　代码展示：

```
#错误的变量定义
unDefinedName          #定义变量 unDefinedName 时未赋初值
```

运行结果：

```
NameError: name ' unDefinedName ' is not defined
```

如果在给变量命名时，违反了 Python 标识符的规范，也会出现异常，如下面例子。

【例 2.24】　代码展示：

```
#变量名不符合 Python 标识符规范
2abc = "abc"           #变量名 2abc 以数字开始，不符合标识符规范
```

运行结果：

```
SyntaxError: invalid syntax
```

同样地，如果给变量命名时使用了 Python 的保留字，也会出现异常，如下面例子。

【例 2.25】　代码展示：

```
#变量名不符合 Python 标识符规范
True = "abc"           #变量名 True 不符合规范，使用了 Python 的保留字
```

运行结果：

```
SyntaxError: can't assign to keyword
```

Python 标识符是对大小写敏感的，就是说如果变量名字母相同，但是大小写不同，那么对 Python 来说就是两个不同的变量，如下面例子。

【例 2.26】　代码展示：

```
#变量名大小写敏感
myvar = "abc"          #变量名 myvar 全小写
MYVAR = 100            #变量名 MYVAR 全大写
print("myvar 的值为：",myvar)
print("MYVAR 的值为：", MYVAR)
```

运行结果：

```
myvar 的值为："abc"
MYVAR 的值为：100
```

从这里可以看出，我们定义了两个变量，分别是 myvar 和 MYVAR；语句"MYVAR = 100"并没有修改变量 myvar 的值，而是定义了新的变量 MYVAR。

在 Python 中，由于程序是使用赋值语句来定义变量的，如果在使用变量名时不小心出现了拼写错误，使用了一个没有定义的变量名，那么 Python 会直接按照拼写错误的标识符定义新的变量，而不给出错误提示，这会对程序的运行造成影响，而且排查起来比较麻烦，所以建议使用"集成开发环境"来编写程序，"集成开发环境"中有智能提示功能，会减少此类错误的出现。

前面我们使用赋值语句来定义变量，每次只定义一个变量，实际上还可以一次定义多个变量，相应的语法如下：

```
变量名 1 = 变量名 2 = … = 变量名 n = 初始值
```

或者：

```
变量名 1,变量名 2,…,变量名 n = 初始值 1,初始值 2,…,初始值 n
```

第一种方式定义的所有变量都有同样的初始值，写法是变量之间使用等号（=）连接起来，最后一个等号右边是初始值；第二种方式由于一个变量名对应一个初始值，这样定义出来的变量有不同的值，写法是等号左边是多个变量名，每个变量名之间使用逗号（,）隔开，等号右边是与变量名一一对应的初始值，也使用逗号（,）隔开。要注意这两种方式在写法上的区别，看以下两个例子。

【例 2.27】 使用相同值定义多个变量。

代码展示：

```
#一次定义多个变量
var1 = var2 = var3 = 100          #定义 3 个变量 var1、var2、var3，并初始化为相同的值 100
print("var1 的值为：",var1)       #输出 var1 的值
print("var2 的值为：",var2)       #输出 var2 的值
print("var3 的值为：",var3)       #输出 var3 的值
```

运行结果：

```
var1 的值为：100
var2 的值为：100
var3 的值为：100
```

这个过程中定义了 3 个变量 var1、var2、var3，并将整数值 100 赋值给了这 3 个变量，如图 2-5 所示。

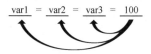

图 2-5　相同值定义多变量的赋值过程

【例 2.28】 使用不同值定义多个变量。

代码展示：

```
#一次定义多个变量
strVar,intVar,floatVar = "xyz",10,3.1415
print("strVar 的值为：", strVar)        #输出 strVar 的值
print("intVar 的值为：", intVar)        #输出 intVar 的值
print("floatVar 的值为：", floatVar)    #输出 floatVar 的值
```

运行结果：

```
strVar 的值为：xyz
intVar 的值为：10
floatVar 的值为：3.1415
```

使用不同值定义多个变量的过程如图 2-6 所示。

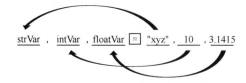

图 2-6　不同值定义多变量的赋值过程

在 Python 中，变量的类型是由值决定的，我们可以根据定义变量时初始值的类型来确定变量当前的类型，但是在较为复杂的程序运行过程中是不能直观地确定变量类型的，需要

在开发程序之前，通过设计文档、接口约定等方式确定所需变量的类型，在开发过程中所有开发人员按照设计文档来使用各类变量。

【例 2.29】　查看变量的类型。

代码展示：

```
#一次定义多个变量
strVar,intVar,floatVar = "xyz",10,3.1415
print("strVar 类型：",type(strVar))
print("intVar 类型：",type(intVar))
print("floatVar 类型",type(floatVar))
```

运行结果：

```
strVar 类型：　<class 'str'>
intVar 类型：　<class 'int'>
floatVar 类型　<class 'float'>
```

变量定义后就可以使用了，通过变量名使用变量中保存的值。下面的例子是将用户输入的内容保存在变量中，并输出。

【例 2.30】　使用变量保存输入的值。

代码展示：

```
#保存输入
name = input("请输入姓名：")          #使用 input 返回的值来定义变量 name
print("你的姓名为：", name)          #输出 name 的值
```

运行结果：

```
请输入姓名：约翰
你的姓名为：约翰
```

当然变量不仅可以保存输入数据的值，也可以保存程序中表达式的值，如各种算术运算的结果等，这也是变量最常见的使用场景。

【例 2.31】　使用变量保存表达式的结果。

代码展示：

```
#保存中间结果
a = 10                  #定义变量 a，并将整数值 10 作为初值
b = 20                  #定义变量 b，并将整数值 20 作为初值
c = a + b               #定义变量 c，用于保存 a+b 的结果
print("a+b 的结果为：", c)   #输出变量 c 中的值
```

运行结果：

```
a + b 的结果为：30
```

在变量定义完成后，除了能通过变量名使用变量中的值，还能修改变量中的值，这是通过赋值语句来实现的。当然也能改变变量的类型，Python 作为动态类型语言，变量的类型会根据值改变，只要我们给变量一个不同类型的值，变量的类型就会跟着改变。

【例 2.32】　修改变量值及类型。

代码展示：

```
#修改变量的值及类型
a = 10 + 20                                  #定义变量 a，用于保存 10+20 的结果
```

```
print("a 中的结果为：", a, "； a 的类型是：",type(a))     #输出变量 a 中的值和类型
a = "新的字符串值"
print("a 中的结果为：", a, "； a 的类型是：",type(a))     #输出变量 a 中的值和类型
```

运行结果：

```
a 中的结果为：   30 ；a 的类型是：  <class 'int'>
a 中的结果为：   新的字符串值 ；a 的类型是：  <class 'str'>
```

Python 中变量的使用相对其他静态类型语言要简单一些，没有类型声明、类型检测等限制，但是这种自由性也带来了程序运行中变量类型不确定的问题，这也要求开发者有更强的项目管控能力。

我们再回头看看本节开始时的例子，要为不同的人员输出对应的信息，若修改为使用变量的版本，应该是怎么样的呢？

【例 2.33】 代码展示：

```
name = input("请输入人员姓名：")
age = input("请输入人员年龄：")
print(name,"今年",age,"岁了，他来到新的城市。")
print(name,"在过去的",age, "年里一直在老家生活。")
print("现在，",age, "岁的",name, "将开始新的人生。")
```

运行结果：

```
请输入人员姓名：斯莱德
请输入人员年龄：22
斯莱德今年 22 岁了，他来到新的城市。
斯莱德在过去的 22 年里一直在老家生活。
现在，22 岁的斯莱德将开始新的人生。
```

 知识点提示：在 Python 中，一般约定变量名是全大写字母的变量为常量。这个约定只是开发者层面的约定，在 Python 语言中并没有提供语法层面的支持，就是说如果给变量名为全大写字母的变量赋值是可以赋值成功的。

 巩固提高

1．如何定义变量？

2．在 Python 中变量是否可以不经过定义直接使用？为什么？

3．在 Python 中决定了变量的类型后，变量的类型就不能改变了。这样的说法是否正确？为什么？

2.3.2 巩固提高答案

2.4 运算符和表达式

我们在前面的例子中已经看到了很多不同的运算符，如加法运算符（+）、赋值运算符（=）等，除此之外，Python 语言还内置了非常丰富的运算符供开发者使用，主要包括以下类型：算术运算符、关系运算符、逻辑运算符、位运算符、赋值运算符等。正是这些运算符为 Python 提供了强大的表达能力，让开发者写出功能不同的表达式，我们将在本节中逐一讲解。

在正式开始运算符学习前，有两个概念需要了解，一个是运算符的分类方法，二是运算

符的结合性。

可以按照运算符要求的操作数的数量来分类，一般分为单目运算符、双目运算符和三目运算符。单目运算符是只需要一个操作数的运算符，双目运算符是需要两个操作数的运算符，三目运算符是需要三个操作数的运算符。

运算符的结合性是指遇到相同优先级的运算符时，表达式应从左向右运算还是从右向左运算。如果运算符是左结合，那么表达式是从左往右计算的；同理，右结合是指表达式从右往左计算。

2.4.1　算术运算符

算术运算符是完成基本的算术运算的符号，就是用来处理四则运算的符号。这是最简单，也最常用的符号。Python 中算术运算符要求参与运算的操作数都是同一类型的数据。Python 中提供的算术运算符如表 2-14 所示。

表 2-14　算术运算符

运　算　符	名称/含义	使 用 形 式	说　明	实　例
+	一元加运算符/操作数取正	+表达式	单目运算符 右结合	+100 结果为 100 +(5-10) 结果为-5
-	一元减运算符/操作数取负	-表达式	单目运算符 右结合	-100 结果为-100 -(5-10) 结果为+5
+	加法运算符	表达式 + 表达式	双目运算符 左结合	10+5 结果为 15
-	减法运算符	表达式 - 表达式	双目运算符 左结合	10-5 结果为 5
*	乘法运算符	表达式 * 表达式	双目运算符 左结合	5*6 结果为 30
/	除法运算符	表达式 / 表达式	双目运算符 左结合	30/5 结果为 6 22/7 结果为 3.14285……
%	取模运算符/取余运算符	表达式 % 表达式	双目运算符 左结合	22%7 结果为 1（余 1） 10%4 结果为 2（余 2）
**	幂运算符	表达式**表达式	双目运算符 左结合	10**2 结果为 100 5**3 结果为 125
//	整除运算符 向下取最接近商数的整数	表达式//表达式	双目运算符 左结合	9//4 结果为 2 -9//4 结果为-3

【例 2.34】　（+\-）一元加减运算符。

代码展示：

```
a , b = 5 , 10                   #定义变量 a 和 b，分别取值 5 和 10
print("取正结果为：",+(a-b))      #对表达式（a-b）结果取正操作
print("取负结果为：",-(a-b))      #对表达式（a-b）结果取负操作
```

运行结果：

```
取正结果为：-5
取负结果为：5
```

可以看到，表达式 a-b 的结果为负数，使用一元加运算符时，按照数的正负运算规则"正负得负"结果为-5；同样地，在使用一元减法时，按照"负负得正"规则结果为 5。

【例 2.35】 （+\-）加减操作符。

代码展示：

```
a , b = 5 , 10      #定义变量 a 和 b，分别取值 5 和 10
print("a – b 结果为： ",a – b)
print("a + b 结果为： ",a + b)
print("1 + '2'结果为： ",1 +   '2')
```

运行结果：

```
a – b 结果为： –5
a + b 结果为：  15
TypeError: unsupported operand type(s) for +: 'int' and 'str'
```

可以看到，最后一行代码报错，因为参与运算的操作数一个是整数，一个是字符串，类型不匹配，所以运算错误。

【例 2.36】 （%）取模运算符。

代码展示：

```
a , b = 9 , 4                    #定义变量 a 和 b，分别取值 9 和 4
print("9 除 4 的余数为： ", a%b)  #输出 a 除 b 的余数
print("-9 除 4 的余数为： ",-a//b) #输出-a 除 b 的余数
```

运行结果：

```
9 除 4 的余数为： 1
-9 除 4 的余数为： 3
```

注意，当被除数为负数且除数为正数时，余数是这样计算的：$r = d - (a * n)$;其中 d 为被除数，a 为除数，n 的取值是 0、–1、–2、…、–∞，且$(a*n)<d$。

所以，–9%4 的结果实际上是-9-(4*-3)= 3。

【例 2.37】 （//）整除运算符。

代码展示：

```
a , b = 9 , 4                     #定义变量 a 和 b，分别取值 9 和 4
print("向下取整的结果为： ", a//b)   #输出 a 除 b 向下取整的结果
print("向下取整的结果为： ",-a//b)   #输出-a 除 b 向下取整的结果
```

运行结果：

```
向下取整的结果为： 2
向下取整的结果为： -3
```

变量 a 的值为 9，变量 b 的值为 4，a 除以 b 的结果为 2.25，按照向下取整的规则，取小于 2.25 的最大整数也就是 2，所以结果为 2。同样地，–a 除以 b 结果为-2.25，取小于-2.25 的最大整数是-3，结果为-3。

2.4.2　关系运算符

关系运算符，也称比较运算符，用于对常量、变量或表达式的结果进行大小比较。如果这种比较是成立的，则返回 True（真），反之则返回 False（假），具体如表 2-15 所示。

表 2-15　关系运算符

运　算　符	名称/含义	使用形式	说　　明	实　　例
==	等于运算符	表达式 == 表达式	双目运算符 左结合	10 == 5 结果为 False 5 == 5 结果为 True
!=	不等于运算符	表达式 != 表达式	双目运算符 左结合	10 != 5 结果为 True 10 != 10 结果为 False
>	大于运算符	表达式 > 表达式	双目运算符 左结合	10 > 5 结果为 True 5 > 10 结果为 False
<	小于运算符	表达式 < 表达式	双目运算符 左结合	10 < 5 结果为 False 5 < 10 结果为 True
>=	大于等于运算符	表达式 >= 表达式	双目运算符 左结合	10 >= 5 结果为 True 5 >= 5 结果为 True
<=	小于等于运算符	表达式 <= 表达式	双目运算符 左结合	10 <= 5 结果为 False 5 <= 5 结果为 True
is	标识号等于运算符	表达式 is 表达式	双目运算符 左结合	None is None 结果为 True True is None 结果为 False
is not	标识号不等于运算符	表达式 is not 表达式	双目运算符 左结合	None is not None 结果为 False True is not None 结果为 True
in	成员包含运算符	表达式 in 表达式	双目运算符 左结合	"a" in "abc" 结果为 True "a" in "xyz" 结果为 False
not in	成员不包含运算符	表达式 not in 表达式	双目运算符 左结合	"a" not in "abc" 结果为 False "a" not in "xyz" 结果为 True

比较运算可以任意串联，例如 $x < y <= z$ 等价于 $x < y$ 同时 $y <= z$。

【例 2.38】　比较运算符连用。

代码展示：

```
a,b,c=1,4,9                        #定义变量 a、b 和 c，分别取值 1、4 和 9
print("a 小于 b 小于 c 的结果：",a < b < c)    #1<4<9 结果为 True
print("a 大于 b 大于 c 的结果：",a > b > c)    #1>4>9 结果为 False
```

运行结果：

```
a 小于 b 小于 c 的结果： True
a 大于 b 大于 c 的结果： False
```

关于 is 和 is not 运算符比较的两个操作数是否是同一个对象，判断的标准是这两操作数经过 id()函数后的值是否相等。当且仅当 x 和 y 是同一对象时，x is y 为 True（真），x is not y 会产生相反的逻辑值。

因此在这里一定要注意，is 和 is not 比较的不是操作数的值，而是经由 id()函数产生的对象的 id 值。

【例 2.39】　标识号比较运算符，注意 id()函数返回的值在不同计算机上的结果会有所不同。

代码展示：

```
#定义变量 a,b,c
#其中变量 a 和 b 的值是字符串"xyz"
#变量 c 的值是字符串"abc"
```

```
a = "xyz"
b = "xyz"
c = "abc"

print("变量 a is 变量 b：",a is b)
print("变量 a 的 id 值：",id(a))
print("变量 b 的 id 值：",id(b))

print("变量 a is 变量 c：",a is c)
print("变量 a 的 id 值：",id(a))
print("变量 c 的 id 值：",id(c))

print("变量 a is 字符串'xyz'：",a is "xyz")
print("变量 a 的 id 值：",id(a))
print("字符串'xyz'的 id 值：",id("xyz"))

print("变量 a is 字符串'abc'：",a is "abc")
print("变量 a 的 id 值：",id(a))
print("字符串'abc'的 id 值：",id("abc"))

print("变量 c is 字符串'abc'：",a is "abc")
print("变量 a 的 id 值：",id(a))
print("字符串'abc'的 id 值：",id("abc"))

print("变量 a is not 'abc'：",a is not "abc")
print("变量 a is not 'xyz'：",a is not "xyz")
```

运行结果：

```
变量 a is 变量 b：  True
变量 a 的 id 值：  2170292224888
变量 b 的 id 值：  2170292224888
变量 a is 变量 c：  False
变量 a 的 id 值：  2170292224888
变量 c 的 id 值：  2170292204968
变量 a is 字符串'xyz'：  True
变量 a 的 id 值：  2170292224888
字符串'xyz'的 id 值：  2170292224888
变量 a is 字符串'abc'：  False
变量 a 的 id 值：  2170292224888
字符串'abc'的 id 值：  2170292204968
变量 c is 字符串'abc'：  False
变量 a 的 id 值：  2170292224888
字符串'abc'的 id 值：  2170292204968
变量 a is not 'abc'：  True
变量 a is not 'xyz'：  False
```

可以看到，变量 a、变量 b 及字符串字面常量'xyz'的 id 值是一样的，所以 a is b、a is 'xyz' 的结果都是 True。变量 c 和字符串字面常量'abc'的 id 值也是一样的，所以 a is c 的结果是 False。

实际应用中很容易将 is 和 == 的功能混为一谈，但其实 is 与 == 有本质上的区别，完全不是一码事儿。我们现在看看 == 和 is 的区别。

【例 2.40】　==与 is 的区别。

代码展示：

```
a = "xyz"   #定义变量 a，值为字符串'xyz'
b = "xy"    #定义变量 b，值为字符串'xy'
#将字符串 'xy' 与 'z'连接到一起
#形成新字符串'xyz'并保存到变量 b 中
#此时变量 a 中的值是'xyz'
#变量 b 中的值也是'xyz'
b = b + "z"
print("a == b 的结果：",a == b)
print("a is b 的结果：",a is b)


print("变量 a 的 id 值：",id(a))
print("变量 b 的 id 值：",id(b))
```

运行结果：

```
a == b 的结果：   True
a is b 的结果：   False
变量 a 的 id 值：  2296655987576
变量 b 的 id 值：  2296656765480
```

可以看到，由于 a 与 b 中的值都是"xyz"，所以"a == b"的结果是 True；但是，由于 a 和 b 指向不同的对象，这里可以从变量的 id 值来确定，所以"a is b"的结果是 False。

成员检测运算符 in 和 not in 用于成员检测。如果 x 是 s 的成员，则"x in s"的值为 True，否则为 False。"x not in s"返回"x in s"取反后的值。所有内置的序列、集合类型及字典都支持此运算。对于字典来说，in 常用于检测其是否有给定的键。由于到现在为止，我们学习的序列类型只有字符串，所以这里以字符串来展示成员检测运算符，但是成员检测运算符并不是只支持字符串的，而是支持所有内置的序列和集合类型。

【例 2.41】　使用 in 和 not in 判断字符串中是否包含指定子串。

代码展示：

```
a = "xyz"   #定义变量 a，值为字符串'xyz'
print("a 字符串包含'x'：",'x' in a)
print("a 字符串不包含'1'：",'1' not in a)
```

运行结果：

```
a 字符串包含'x'：   True
a 字符串不包含'1'：   True
```

2.4.3　逻辑运算符

逻辑运算符，也称布尔运算符。在执行布尔运算的情况下，或当表达式被用于流程控制语句时，以下值会被解析为假值：False、None、所有类型的数字零，以及空字符串和空容器（包括字符串、元组、列表、字典、集合与冻结集合）；所有其他值都会被解析为真值。逻辑运算会将参与运算的操作数解释为逻辑真或逻辑假，并根据转换后的值，按照不同的逻辑运算符进行逻辑运算，并给出结果。类型转换将会在后面详细讲解。给出的结果可能是布尔型的值，也可能不是，需要根据参与运算的表达式来决定，具体如表 2-16 所示。

表 2-16　逻辑运算符

运　算　符	名称/含义	使 用 形 式	说　　明	实　　例
and	与运算符	表达式 and 表达式	双目运算符 左结合	10 and 5 结果为 5 True and False 结果为 False
or	或运算符	表达式 or 表达式	双目运算符 左结合	10 or 5 结果为 10 True and False 结果为 True
not	非运算符	not 表达式	单目运算符 右结合	not True 结果为 False not 0 结果为 True

与运算符（and）进行的是逻辑与操作。表达式"X and Y"首先对 X 求值，如果 X 为假值则返回该值，否则对 Y 求值并返回其结果值。如表 2-17 所示给出的是与操作的真值表，注意其中的 T/F 表示逻辑真假，括号中的 X/Y 表示实际的值是 X 表达式的结果，还是 Y 表达式的结果。

表 2-17　逻辑与运算真值表

X	Y	
	T	F
T	T（Y）	F（Y）
F	F（X）	F（X）

【例 2.42】　使用与运算符。

代码展示：

```
print("X(True) 与 Y(True)结果为:",True and True)
print("X(True) 与 Y(False)结果为:",True and False)
print("X(False) 与 Y(True)结果为:",False and True)
print("X(False) 与 Y(False)结果为:",False and False)
```

运行结果：

```
X(True) 与 Y(True)结果为: True
X(True) 与 Y(False)结果为: False
X(False) 与 Y(True)结果为: False
X(False) 与 Y(False)结果为: False
```

当参与运算的表达式结果不为逻辑值时，会按照类型转换将结果解析为等同的逻辑值，然后再进行与运算，并且与运算的结果是对应表达式的值。

【例 2.43】　使用与运算符。

代码展示：

```
print("字符串'xyz' 与 整型 5 结果为：","xyz" and 5)
print("字符串'xyz' 与 字符串'abc' 结果为：","xyz" and "abc")
```

```
print("空字符串" 与 整型 5 结果为: ","" and 5)
print("整型 0 与 字符串'abc' 结果为: ",0 and "abc")
```

运行结果:

```
字符串'xyz' 与 整型 5 结果为:   5
整型 1 与 字符串'abc' 结果为:   abc
空字符串" 与 整型 5 结果为:
整型 0 与 字符串'abc' 结果为:   0
```

当 X 表达式是非空字符串、非 0 数值等会被解析为真值,与运算的结果就是 Y 表达式的结果,就是本例中前两行代码展示的情况。空字符串、数值 0 等会被解析为假值,此时,与运算的结果为 X 表达式的结果。

逻辑或运算表达式 X or Y 首先对 X 求值,如果 X 为真值则返回该值,否则对 Y 求值并返回其结果值,如表 2-18 所示。

表 2-18　逻辑或运算真值表

X	Y	
	T	F
T	T（X）	T（X）
F	T（Y）	F（Y）

【例 2.44】　使用或运算符。

代码展示:

```
print("X(True) 或 Y(True)结果为:",True or True)
print("X(True) 或 Y(False)结果为:",True or False)
print("X(False) 或 Y(True)结果为:",False or True)
print("X(False) 或 Y(False)结果为:",False or False)

print("字符串'xyz' 或 整型 5 结果为: ","xyz" or 5)
print("整型 1 或 字符串'abc' 结果为: ",1 or "abc")
print("空字符串" 或 整型 5 结果为: ","" or 5)
print("整型 0 或 字符串'abc' 结果为: ",0 or "abc")
```

运行结果:

```
X(True) 或 Y(True)结果为: True
X(True) 或 Y(False)结果为: True
X(False) 或 Y(True)结果为: True
X(False) 或 Y(False)结果为: False
字符串'xyz' 或 整型 5 结果为:   xyz
整型 1 或 字符串'abc' 结果为:   1
空字符串" 或 整型 5 结果为:   5
整型 0 或 字符串'abc' 结果为:   abc
```

逻辑非运算符 not 将在其参数为假值时产生 True,否则产生 False,如表 2-19 所示。

表 2-19 逻辑非运算真值表

X	T	F
not X	F	T

【例 2.45】 使用非运算符。

代码展示：

```
print("非 X(True)结果为:",not True)
print("非 X(False)结果为:",not False)

print("非 X('xyz')结果为:", not "xyz")
print("非 X(1)结果为:",not 1)
print("非 X('')结果为:",not "")
print("非 X(0)结果为:",not 0)
```

运行结果：

```
非 X(True)结果为: False
非 X(False)结果为: True
非 X('xyz')结果为: False
非 X(1)结果为: False
非 X('')结果为: True
非 X(0)结果为: True
```

2.4.4 位运算符

Python 位运算按照数据在内存中的二进制位进行操作，它一般用于相对底层的开发（算法设计、图像处理、外围设备访问等），在应用层开发（Web 开发、Linux 运维等）中并不常见。参与位运算的操作数只能是整型、布尔型（当操作数为 True 时，将 True 按数值 1 进行计算；当操作数为 False 时，将 False 按数值 0 进行计算）。Python 提供的位运算符如表 2-20 所示。

表 2-20 位运算符

运 算 符	名称/含义	使 用 形 式	说 明	实 例
&	按位与运算符	表达式 & 表达式	双目运算符 左结合	1 & 2 结果为 0 8 & 9 结果为 8
|	按位或运算符	表达式 | 表达式	双目运算符 左结合	1 | 2 结果为 3 8 | 9 结果为 9
^	按位异或运算符	表达式 ^ 表达式	双目运算符 左结合	10 > 5 结果为 True 5 > 10 结果为 False
~	按位取反运算符	~ 表达式	单目运算符 右结合	10 < 5 结果为 False 5 < 10 结果为 True
<<	按位左移运算符	表达式 << 表达式	双目运算符 左结合	10 >= 5 结果为 True 5 >= 5 结果为 True
>>	按位右移运算符	表达式 >> 表达式	双目运算符 左结合	10 <= 5 结果为 False 5 <= 5 结果为 True

按位与运算符（&）的运算规则是：只有参与&运算的两个位都为 1 时，结果才为 1；否则为 0。例如，1&1 为 1，0&0 为 0，1&0 也为 0，这和逻辑运算中的 and 运算非常类似。可以总结为"全 1 为 1，其他为 0"，具体如表 2-21 所示。注意，对负数进行按位与操作时要考虑符号位，在 Python 中负数使用的是二进制补码形式表示。

表 2-21　按位与运算真值表

X	Y	
	1	0
1	1	0
0	0	0

【例 2.46】　使用按位与运算符。

代码展示：

```
print("8 按位与 9 结果为:",8 & 9)
print("整数 8 的二进制表示:      ",str(bin(8))[2:])
print("整数 9 的二进制表示:    &",str(bin(9))[2:])
print("-------------------------")
print("按位与的结果为:        ",str(bin(8 & 9))[2:])
print("十进制表示:               ",8 & 9)
```

运行结果：

```
8 按位与 9 结果为: 8
整数 8 的二进制表示:   1000
整数 9 的二进制表示:& 1001
-------------------------
按位与的结果为:          1000
十进制表示:                8
```

按位或运算符（|）的运算规则是：两个二进制位有一个为 1 时，结果就为 1；两个都为 0 时结果才为 0。例如，1|1 为 1，0|0 为 0，1|0 为 1，这和逻辑运算中的 or 运算非常类似。可以总结为"全 0 为 0，其他为 1"，具体如表 2-22 所示。注意，对负数进行按位或操作时要考虑符号位，在 Python 中负数使用的是二进制补码形式表示。

表 2-22　按位或运算真值表

X	Y	
	1	0
1	1	1
0	1	0

【例 2.47】　使用按位或运算符。

代码展示：

```
print("8 按位或 9 结果为:",8 | 9)
print("整数 8 的二进制表示:      ",str(bin(8))[2:])
print("整数 9 的二进制表示:    |",str(bin(9))[2:])
print("-------------------------")
```

```
print("按位或的结果为:            ",str(bin(8 | 9))[2:])
print("十进制表示:                ",8 | 9)
```

运行结果:

```
8 按位或 9 结果为: 9
整数 8 的二进制表示:   1000
整数 9 的二进制表示: & 1001

--------------------------

按位或的结果为:            1001
十进制表示:                9
```

最终结果就是 1001，也就是十进制的 9。

按位异或运算符（^）的运算规则是：参与运算的两个二进制位不同时，结果为 1；相同时结果为 0。例如，0^1 为 1，0^0 为 0，1^1 为 0。可以总结为"相同为 0，相异为 1"，具体如表 2-23 所示。注意，对负数进行按位异或操作时要考虑符号位，在 Python 中负数使用的是二进制补码形式表示。

表 2-23　按位异或运算真值表

X	Y	
	1	0
1	0	1
0	1	0

【例 2.48】　使用按位异或运算符。

代码展示:

```
print("8 按位异或 9 结果为:        ",8 ^ 9)
print("整数 8 的二进制表示:        ",str(bin(8))[2:])
print("整数 9 的二进制表示:       |",str(bin(9))[2:])
print("--------------------------")
print("按位异或的结果为:          ","{:04b}".format(8 ^ 9))
print("十进制表示:                ",8 ^ 9)
```

运行结果:

```
8 按位异或 9 结果为:    1
整数 8 的二进制表示:   1000
整数 9 的二进制表示:| 1001

--------------------------

按位异或的结果为:      0001
十进制表示:            1
```

最终结果就是 0001，也就是十进制的 1。

按位取反运算符（~）为单目运算符，右结合性，其作用是对参与运算的二进制位取反。例如，~1 为 0，~0 为 1，这和逻辑运算中的 not 运算非常类似。可以总结为"1 为 0，0 为 1"，具体如表 2-24 所示。但是要注意的是，在 Python 中负数使用的是二进制补码形式表示，在进行按位取反操作时要考虑到符号位。

表 2-24   按位取反运算真值表

X	1	0
~X	0	1

【例 2.49】   使用按位取反运算符。

代码展示：

```
print("1 按位取反结果为:          ",~1)
print("整数 1 的二进制表示:        ","{:08b}".format(1))
print("整数 1 的取反的结果:        {:08b}".format(~1))
```

运行结果：

```
1 按位取反结果为:              -2
整数 1 的二进制表示: 00000001
整数 1 的取反的结果: -0000010
                              -2
```

这个结果和我们预期的有出入，为什么整数 1 的二进制表示是 00000001，按位取反应该是 11111110，为什么显示的结果是-0000010？这是因为 Python 为了便于用户理解，在显示负数二进制时做了转换，而且进行位运算是以 8 位二进制为一个整体进行的，具体如表 2-25 所示。

表 2-25   例 2.49 运算

整数 1	整数 1 取反	-2 的补码
0	1	1
0	1	1
0	1	1
0	1	1
0	1	1
0	1	1
0	1	1
1	0	0

可以看到，1 的八位二进制是 00000001，按位取反后是 11111110，-2 的补码是 11111110。这里正好就和 1 的按位取反对应上了，只是 Python 在使用 bin()函数转换二进制时对负数进行了处理。

左移运算符（<<）用来把操作数的各个二进制位全部左移若干位，高位丢弃，低位补 0，用法为 X << Y，它们会将第一个参数 X 左移第二个参数 Y 所指定的比特位数,相当于 $X * 2^Y$。

【例 2.50】   使用左移运算符。

代码展示：

```
print("15 的二进制表示:{:08b}".format(15))
print("15 左移一位      :{:08b}".format(15<<1))
print("15 左移两位      :{:08b}".format(15<<2))
```

运行结果：

15 的二进制表示	:00001111
15 左移一位	:00011110
15 左移两位	:00111100

右移运算符（>>）用来把操作数的各个二进制位全部右移若干位，低位丢弃，高位补 0 或 1。如果数据的最高位是 0，那么就补 0；如果最高位是 1，那么就补 1。用法为 X << Y，X 右移 Y 位被定义 X 为被 2^Y 整除。

【例 2.51】 使用右移运算符。

代码展示：

```
print("15 的二进制表示:{:08b}".format(15))
print("15 右移一位    :{:08b}".format(15>>1))
print("15 右移两位    :{:08b}".format(15>>2))
```

运行结果：

15 的二进制表示	:00001111
15 右移一位	:00000111
15 右移两位	:00000011

2.4.5 赋值运算符

赋值运算符用来把右侧的值传递给左侧的变量。可以直接将右侧的值交给左侧的变量，也可以进行某些运算后再交给左侧的变量，如加减乘除、函数调用、逻辑运算等。在 Python 中最基本的赋值运算符是等号（=），结合其他运算符，=还能扩展出更强大的赋值运算符，具体如表 2-26 所示。

表 2-26　赋值运算符

运　算　符	名称/含义	使 用 形 式	说　　明	等 价 形 式
=	赋值运算符	表达式 = 表达式	双目运算符 右结合	X = Y 等价于 X=Y
+=	加赋值运算符	表达式 += 表达式	双目运算符 右结合	X += Y 等价于 X = X + Y
-=	减赋值运算符	表达式 -= 表达式	双目运算符 右结合	X -= Y 等价于 X = X - Y
*=	乘赋值运算符	表达式 *= 表达式	双目运算符 右结合	X *= Y 等价于 X = X * Y
/=	除赋值运算符	表达式 /= 表达式	双目运算符 右结合	X /= Y 等价于 X = X / Y
%=	取余数赋值运算符	表达式 %= 表达式	双目运算符 右结合	X %= Y 等价于 X = X % Y
**=	幂赋值运算符	表达式 **= 表达式	双目运算符 右结合	X **= Y 等价于 X = X ** Y
//=	取整数赋值运算符	表达式 //= 表达式	双目运算符 右结合	X //= Y 等价于 X = X // Y
&=	按位与赋值运算符	表达式 &= 表达式	双目运算符 右结合	X &= Y 等价于 X = X & Y

续表

运 算 符	名称/含义	使 用 形 式	说 明	等 价 形 式
|=	按位或赋值运算符	表达式 |= 表达式	双目运算符 右结合	X |= Y 等价于 X = X | Y
^=	按位异或赋值运算符	表达式 ^= 表达式	双目运算符 右结合	X ^= Y 等价于 X = X ^ Y
<<=	左移赋值运算符	表达式 <<= 表达式	双目运算符 右结合	X <<= Y 等价于 X = X << Y
>>=	右移赋值运算符	表达式 >>= 表达式	双目运算符 右结合	X >>= Y 等价于 X = X >> Y

2.4.6　其他运算符

三元运算符，有时称为"条件表达式"。例如，表达式 x if C else y 首先对条件 C 而非 x 求值，如果 C 为真，x 将被求值并返回其值；否则将对 y 求值并返回其值，如表 2-27 所示。

表 2-27　表达式 X if C else Y

C 的值	True	False
表达式的结果	X	Y

【例 2.52】　使用三元运算符。

代码展示：

```
X = "输出 X"
Y = "输出 Y"
print("X if True else Y 的结果：",X if True else Y)
print("X if False else Y 的结果：",X if False else Y)
```

运行结果：

```
X if True else Y 的结果：　输出 X
X if False else Y 的结果：　输出 Y
```

本例的运算过程如图 2-7 所示，可见整个表达式的值是由其中表达式 C 的逻辑真假决定的。

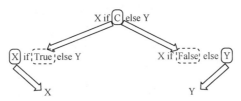

图 2-7　例 2.52 运算过程

2.4.7　运算符优先级

如表 2-28 所示，对 Python 中运算符的优先顺序进行了总结，从上到下为从最高优先级到最低优先级，相同单元格内的运算符具有相同优先级。

表 2-28　运算符优先级

运　算　符	描　述
()	圆括号
**	幂运算
~、+、-	按位取反、一元加号和减号
*、/、%、//	乘、除、求余数和取整除
+、-	加法、减法
>>、<<	右移、左移运算符
&	位与运算符
^、|	异或、位或运算符
<=、<、>、>=	比较运算符
==、!=	等于运算符
=、%=、/=、//=、-=、+=、*=、**=	赋值运算符
is 、is not	标识号比较运算符
in、not in	成员运算符
Not、and、or	逻辑运算符

所谓优先级，就是当多个运算符同时出现在一个表达式中时，先执行哪个运算符。

【例 2.53】 运算符优先级。

代码展示：

```
print("表达式 2+5*3-4**2 的结果：",2+5*3-4**2)
```

运行结果：

```
表达式 2+5*3-4**2 的结果：   1
```

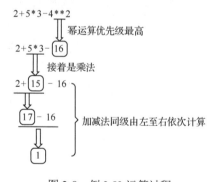

图 2-8　例 2.53 运算过程

本例的运算过程如图 2-8 所示。

虽然 Python 提供了运算符的优先级关系，但是不建议过度依赖运算符的优先级，尤其是不建议编写复杂的表达式，这会导致程序的可读性降低，容易出错，还会增加维护成本。一种比较好的实践方式是把表达式写得简单一些。如果一个表达式过于复杂，可以尝试把它拆分，由多个表达式来实现其功能。此外，应尽量使用括号()来控制表达式的执行，这样更清晰明了，也不易出错。

对于一些运算，括号起到的作用不仅仅是控制计算顺序，也能简化表达式。

【例 2.54】 计算自然常数 e 的近似值。

代码展示：

```
x = int(input("请输入 x 的值（整数）:"))
print("自然常数 e 的近似值：",(1+1/x)**x)
```

运行结果：

```
请输入 x 的值（整数）:100
自然常数 e 的近似值：   2.7048138294215285
```

对于本例中的计算，如果不使用括号的话，会需要使用非常多的代码来实现。

2.5 类型转换

在程序开发过程中，处理数据是非常常见的操作，在处理数据的过程中，经常需要将数据在不同数据类型之间进行转换，这时就需要用到类型的转换功能。数据类型转换就是将数据从一种类型转换为另一种类型。一个常见的例子就是用户输入的数据一般是字符串型的，但是程序可能要求数据是数值型的，比如网上支付，输入的是一个只包含数字的字符串，但是后台程序需要把这个字符串转换为对应的数值，也就是对应的金额。

Python 作为动态强类型语言，进行数据运算时会对类型进行较为严格的检测，多数情况下不会自动进行类型转换，只在数值型内部会将整型、浮点型、逻辑类型相互进行自动转换，以及在少数逻辑判断时会将不同类型转换为逻辑值。所以当有需要进行类型转换时，开发者需要自己手动实现。

如表 2-29 所示为第 1 列每种数据类型向第 1 行每种数据类型转换的规则，以及需要用到的函数。

表 2-29　类型转换规则

	数　　值	布　尔　型	字　符　串
数值		非零数值默认为 True 零值默认为 False 转换函数：bool()	转换函数：str()
布尔型	True 默认为 1 False 默认为 0 转换函数：int()、float()、complex()		转换函数：str()
字符串	转换函数：int()、float()、complex()	非空字符串默认为 True 空字符串默认为 False 转换函数：bool()	

在类型转换中，比较特殊的是布尔型，Python 会隐式地将其他类型在需要的时候解析为布尔型，尤其是在逻辑运算及选择结构的条件部分。如表 2-30 所示是非布尔型转换为布尔型的规则。

表 2-30　布尔型转换规则

布　尔　值	True	False
其他类型值	非零数值； 非空字符串； 非空容器，如非空的列表、元组、字典、集合等	0 值； 空字符串""； 空容器，如空列表、空元组、空字典、空集合； 空类型的空值 None

【例 2.55】　类型转换。

代码展示：

```
strInput = input("请输入整数：")
print("输入的值是：",strInput)
```

```
print("输入的类型是：",type(strInput))

intInput = int(strInput)
print("输入的值是：",intInput)
print("转换后的类型是：",type(intInput))

floatInput = float(strInput)
print("输入的值是：",floatInput)
print("转换后的类型是：",type(floatInput))
```

运行结果：

```
请输入整数：100
输入的值是：   100
输入的类型是：   <class 'str'>
输入的值是：   100
转换后的类型是：   <class 'int'>
输入的值是：   100.0
转换后的类型是：   <class 'float'>
```

我们在前面说过"数值型内部会将整型、浮点型、逻辑类型相互进行自动转换"，下面看几个例子。

【例 2.56】 类型转换。

代码展示：

```
intVar = 10
floatVar = 5.5
boolVar = True

print("整数 + 浮点数：",intVar + floatVar)
print("整数 + 浮点数 结果的类型是：",type(intVar + floatVar))

print("整数 + 逻辑真：",intVar + boolVar)
print("整数 + 逻辑真 结果的类型是：",type(intVar + boolVar))

print("浮点数 + 逻辑真：",floatVar + boolVar)
print("浮点数 + 逻辑真 结果的类型是：",type(floatVar + boolVar))

print("逻辑真 + 逻辑真：",boolVar + boolVar)
print("逻辑真 + 逻辑真 结果的类型是：",type(boolVar + boolVar))
```

运行结果：

```
整数 + 浮点数：   15.5
整数 + 浮点数 结果的类型是：   <class 'float'>
整数 + 逻辑真：   11
整数 + 逻辑真 结果的类型是：   <class 'int'>
浮点数 + 逻辑真：   6.5
浮点数 + 逻辑真 结果的类型是：   <class 'float'>
逻辑真 + 逻辑真：   2
```

逻辑真 + 逻辑真 结果的类型是： <class 'int'>

可以看到，当算术运算符中两个操作数分别是不同类型的数值时，Python 会进行隐式类型转换。数值型内部隐式类型转换的规则如表 2-31 所示。

表 2-31 数值型内部隐式转换规则

	int	float	bool
int		int -> float	bool -> int
float	int -> float		bool -> float
bool	bool -> int	bool -> float	bool -> int

2.6 输入/输出

我们经常看到"I/O"这个词，其实它指的就是 Input 和 Output，也就是输入和输出。输入设备包含鼠标、键盘、摄像头、麦克风等，由用户制造信息、计算机接收；输出设备包含显示屏、扬声器、耳机、打印机等，由计算机制造信息、用户接收。下面主要介绍两个最基本的输入/输出方法，即键盘输入、显示屏输出。

2.6.1 输出

print()函数用于打印输出，输出字符串、变量或者表达式的值，输出完毕默认换行。无参 print()函数输出空白行。print()函数的基本语法：

```
print(*objects,sep=",end='\n')
```

其中，*objects 为复数，表示一次可输出多个对象，当要输出多个对象时，对象间用逗号隔开；sep 用来分隔输出的对象，默认为一个空格；end 用来设定以什么结尾，默认为换行符\n。

【例 2.57】 输出函数应用。

代码展示：

```
a=1
b=3.5
c='and'
print(a,b,c)
print(a,b,c,sep=',')
print(a,b,c,sep='\t',end='!')
```

运行结果：

```
1 3.5 and
1,3.5,and
1    3.5    and!
```

print()函数也可以打印整数，或计算结果。例如，print(2019)和 print(100+200)，其结果分别是 2019 和 300。

2.6.2 输入

Python 提供了 input()函数从标准输入读入一行文本，并存放到一个变量里，默认的标准输入是键盘。input()函数默认输入的数据为字符串型。input()函数的基本语法：

<变量> = input(<提示信息字符串>)

【例 2.58】 输入函数应用。

代码展示：

```
a=input("请输入:")
print(a)
print(type(a))
```

运行结果：

```
请输入:123
123
<class 'str'>
```

注意：input()函数默认输入的数据为字符串型，如要输入数值型数据需要进行类型转换，可以用 int()、float()、complex()函数把字符串转换成数值，但当输入数据不是数值型时运行会报值错误（ValueError）。

【例 2.59】 输入数值数据。

代码展示：

```
a=int(input("请输入一个整数:"))
b=float(input("请输入一个实数:"))
print(a,b,sep='\t')
print(type(a),type(b))
```

运行结果：

```
请输入一个整数:34
请输入一个实数:63.574
34      63.574
<class 'int'> <class 'float'>
```

除了类型转换，Python 内置函数 eval()能将字符串参数两端成对的定界符去掉，将内容看成一个表达式，返回表达式的计算结果，如 eval("345")返回 345；eval("3+4*5")返回表达式 3+4*5 的运算结果 23。故 eval()函数也可以和 input()结合使用实现数值数据的输入。

【例 2.60】 eval()输入数值数据。

代码展示：

```
a=eval(input("请输入一个整数:"))
print(a)
print(type(a))
```

运行结果：

```
请输入一个整数:452
452
<class 'int'>
```

2.7 素质拓展

在全国计算机等级考试二级“Python 语言程序设计”考试中，要求掌握如下内容。

➢ 语法元素：变量、命名、保留字、数据类型、赋值语句、引用。

> 基本数据类型：
> - 数字类型：整数类型、浮点数类型和复数类型。
> - 数字类型的运算：数值运算操作符、数值运算函数。
> - 类型判断和类型间转换。

【拓展训练】

2.7 拓展训练答案

一、选择题

1. 以下不是 Python 中内置的数据类型的是（　　　）。
   A．数值型　　　　　B．布尔/逻辑型　　　　　C．字符串型　　　　　D．字符型
2. 关于 Python 变量名，下列选项中错误的是（　　　）。
   A．IF = 100　　　　B．Var100 = "abc"　　　C．_100 = "100"　　　D．True = 0
3. 关于 Python 中逻辑运算，以下选项中描述错误的是（　　　）。
   A．逻辑运算要求参与运算的操作数都是逻辑类型
   B．整数 1 在参与逻辑运算过程中，被视为逻辑真值
   C．逻辑运算的结果不一定是布尔值
   D．空字符串在逻辑运算中被视为逻辑假值
4. 下面代码的输出结果是（　　　）。

`print(11 % 5)`

   A．2　　　　　　　B．2.2　　　　　　　C．0　　　　　　　D．1
5. 下列选项中错误的是（　　　）。
   A．a = 1 + "2"　　　B．a = 1 + 10.0　　　C．a = 1 + True　　　D．a=False+True
6. 下列数值中不是整型的是（　　　）。
   A．160　　　　　　B．-78　　　　　　　C．0x123　　　　　　D．1.0
7. 下列选项中不是 Python 保留字的是（　　　）。
   A．True　　　　　　B．if　　　　　　　C．def　　　　　　　D．int

二、填空题

1. 在 Python 中_____表示空类型。
2. 查看变量类型的 Python 内置函数是_____。
3. 查看变量内存地址的 Python 内置函数是_____。
4. 以 3 为实部、4 为虚部，Python 复数的表达形式为_____或_____。
5. 已知 x = 3，那么执行语句 x+= 6 之后，x 的值为_____。
6. 已知 x = 3，y=4 那么执行语句 x,y=y,x 之后，x 的值为_____，y 的值为_____。
7. 表达式 int('123') 的值为_____。
8. 表达式 'ab' in 'acbed' 的值为_____。
9. Python 3.x 中语句 print(1, 2, 3, sep=':') 的输出结果为_____。
10. 表达式 3<5>2 的值为_____。

第3章　程序结构

程序结构包括顺序、选择、循环三种基本结构，任何程序都可以由这三种基本结构组合而成。算法是程序设计的基石，是解决问题的具体步骤，本章主要采用流程图的方式对算法进行描述。

学习目标

- 了解算法和流程图的概念。
- 理解程序的三种基本结构。
- 能熟练利用流程图的方式描述算法。
- 能利用结构化思想解决实际问题。
- 能灵活选用结构语句进行编码解决实际问题。

3.1　算法和流程图

3.1.1　算法

算法是指解题方案的准确而完整的描述，是一系列解决问题的清晰指令，算法代表着用系统的方法描述解决问题的策略机制。下面我们通过一个 IBM 经典面试题来了解什么是算法。

【例 3.1】村子中有 50 个人，每人有一条狗。在这 50 条狗中有病狗（这种病不会传染），于是人们就要找出病狗。每个人可以观察其他的 49 条狗，以判断它们是否生病，只有自己的狗不能看。观察后得到的结果不得交流，也不能通知病狗的主人。主人一旦推算出自己家的是病狗就要枪毙自己的狗，而且每个人只有权利枪毙自己的狗，没有权利打死其他人的狗。第一天、第二天都没有枪响。到了第三天传来一阵枪声，问有几条病狗？如何推算得出？

解题思路：

（1）假设有 1 条病狗，病狗的主人会看到其他狗都没有病，那么就知道自己的狗有病，所以第一天晚上就会有枪响。因为没有枪响，说明病狗数大于 1。

（2）假设有 2 条病狗，病狗的主人会看到有 1 条病狗，因为第一天没有听到枪响，是病狗数大于 1，所以病狗的主人会知道自己的狗是病狗，因而第二天会有枪响。既然第二天也没有枪响，说明病狗数大于 2。

（3）由此推理，如果第三天枪响，则有 3 条病狗。

在这个例子中上述的解题思路是解决这个问题的具体步骤，也可以说是解决这个问题的算法。对于同一问题，解决方案（即算法）可以有多种，在实际的操作中应择优选取。

算法应该具有如下特点。

（1）输入（input）。输入是指从外部获取的信息，一个程序可以有零个或多个输入。

（2）输出。问题求解的目的是为了得到"解"，故应该把得到的结果输出，一个程序应该有一个或多个输出。没有输出的算法是没有意义的。

（3）有穷性。一个算法应在有限的操作步骤后得到结果。

（4）确定性。算法中的每个步骤都应当是确定的，而不应当是含糊的、模棱两可的。

（5）有效性。算法中的每个步骤都应当能有效地执行，并得到确定的结果。

3.1.2　流程图

算法即解决问题的步骤，算法的描述方式有很多种，常用的方法有自然语言、流程图、伪代码等。本节将介绍使用流程图描述算法的方法。

流程图是用一些框图来表示各种操作的，这种表示方法直观形象，易于理解。流程图中常用的框图和符号如图 3-1 所示。流程图可用 Microsoft Office Word、Microsoft Office PowerPoint、Microsoft Office Visio 等工具来绘制，绘制的流程图如图 3-2 所示。

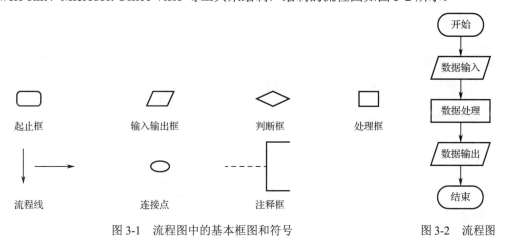

图 3-1　流程图中的基本框图和符号　　　　图 3-2　流程图

一个程序除了算法这个主要要素，还应当采用结构化程序设计方法进行程序设计。结构化程序设计由迪克斯特拉（E.W.Dijkstra）在 1965 年提出，曾被称为软件发展中的第三个里程碑，它的主要观点是采用自顶向下、逐步求精及模块化的程序设计方法。结构化程序设计使用顺序、选择、循环三种基本控制结构构造程序，任何程序都可由这三种基本控制结构构造。

3.2　顺序结构

任何一件事情的处理都是有顺序的，顺序结构程序设计表示程序中的各操作是按照它们出现的先后顺序执行的，其流程如图 3-3 所示。事实上，不论程序中包含了什么样的结构，程序的总流程都是顺序结构的。

【例 3.2】　每位同学都有到快递代收点取快递的经历，能否用流程图描述一下取快递的过程？

算法设计：当我们去取快递时，是按照出示取件码、领件、查验离开的顺序依次操作的，在结构化程序设计中取快递的流程属于典型的顺序结构。

流程图：如图 3-4 所示。

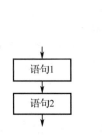

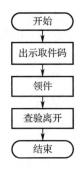

图 3-3　顺序结构流程图　　　图 3-4　例 3.2 流程图

【例 3.3】 任意两个数求和。

算法设计：任意两个数求和，首先分别输入两个数，然后求和，最后输出计算结果，整个求解过程属于典型的顺序结构。

流程图：如图 3-5 所示。

代码实现：

```
x=int(input('请输入整数 1：'))
y=int(input('请输入整数 2：'))
sum=x+y
print('两数的和为：',sum)
```

运行结果：

```
请输入整数 1：45
请输入整数 2：6
两数的和为：51
```

【例 3.4】 计算圆的面积。

算法设计：设圆的半径为 r，面积为 s，根据数学中圆的面积公式可知 s=3.1415926*r*r。计算圆的面积。首先输入半径，然后根据求解公式计算，最后输出计算结果，整个求解过程属于顺序结构的范畴。

流程图：如图 3-6 所示。

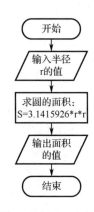

图 3-5　例 3.3 流程图　　　图 3-6　例 3.4 流程图

代码实现：

r=float(input("请输入圆的半径："));

s=3.1415926*r*r;

print('圆的面积为：',s);

运行结果：

请输入圆的半径：3

圆的面积为：　28.274333400000003

 巩固提高

3.2 巩固提高答案

1．输入圆柱体的半径和高，计算圆柱体的体积（底面圆面积乘以高）。

2．已知 x=1、y=2，实现 x、y 值的交换，即交换后 x=2、y=1。

3．给定一个 3 位整数，输出其十位、百位和个位上的数，如 346，其个位为 6、十位为 4、百位为 3。

3.3　选择结构

选择结构顾名思义要进行选择。当程序在某个处理过程中，遇到了很多分支，无法按直线走下去，这时它需要根据某一特定的条件选择其中的一个分支执行。选择结构有单分支、双分支和多分支三种形式，其流程图如图 3-7 所示。

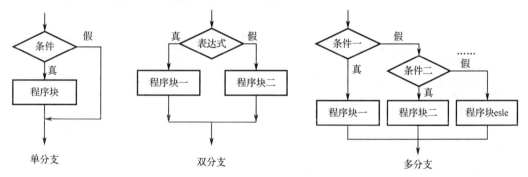

图 3-7　选择结构流程图

3.3.1　单分支语句

在日常生活中，有时我们做一件事要根据某个特定条件选择是否执行，例如：

如果下午没课，就去图书馆。

如果明早不下雨，就去晨跑。

在 Python 程序中，当满足某个特定条件才执行一些操作，可用单分支 if 语句。单分支 if 语句的语法结构如下：

if 条件：

　　程序块

if 语句执行过程：如果条件为真，则执行冒号后的程序块；如果条件为假，则不执行程序块。其执行流程图如图 3-8 所示。

知识点提示：

（1）if 语句中的条件一般情况为关系表达式或逻辑表达式，但表达式类型不限于此，可以是任意的数值型。若表达式的值为 0，则按"假"执行；若表达式的值非 0，则按"真"执行。

（2）注意，if 语句后的程序块要统一缩进，不能随意缩进！

【例 3.5】 某教育机构规定，如果学员成绩达到 60 分，就为其颁发合格证书。能否编程模拟实现颁发合格证书的流程？

算法设计：颁发合格证书的操作是在成绩达到 60 分这一特定条件下执行的，可用典型的 if 语句来实现。

流程图：如图 3-9 所示。

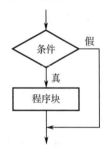
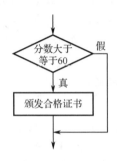

图 3-8　if 语句执行流程图　　　图 3-9　例 3.5 流程图

代码实现：

```
score=80
if score>=60:
    print('颁发合格证书')
```

运行结果：

颁发合格证书

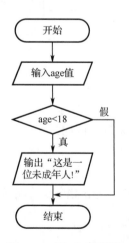

图 3-10　例 3.6 流程图

【例 3.6】 对年龄进行判断，如果年龄小于 18，则输出"这是一位未成年人！"。

算法设计：定义年龄为 age，输入其值后，对 age 进行判断，如果年龄小于 18 则输出"这是一位未成年人！"，因此输出操作是在年龄小于 18 这一特定条件下执行的，可用典型的 if 语句来实现。

流程图：如图 3-10 所示。

代码实现：

```
age=int(input('请输入你的年龄：'));        #定义年龄并赋初值
if age<18:    #判断年龄的值
    print("这是一位未成年人！");
```

运行结果：

请输入你的年龄：16
这是一位未成年人！

巩固提高

3.3.1 巩固提高答案

1．输入年龄 age，对其判断，如果年龄为 65，则输出"恭喜你，达到法定退休年龄了！"。

2．从键盘输入 6 位密码，对密码进行判断，如果密码为"123456"，则分别输出"密码正确！"和"欢迎登录该系统！"。

3.3.2　双分支语句

在日常生活中，有时我们会根据具体的情况在两件事情中选择其一执行，例如：

如果下午没课，就去图书馆，否则上课学习。

如果周末不上班，就去旅游，否则上班开研讨会。

如果明天天气好，就举行运动会，否则举行室内联谊活动。

在 Python 程序中，当根据条件进行选择，如果条件成立则选择执行某一操作，否则执行另一操作，可用双分支 if-else 语句，其语法结构如下：

```
if 条件：
        程序块一
else：
        程序块二
```

双分支 if-else 语句执行过程：如果条件为真，则执行程序块一；如果条件为假，则执行语句块二。其执行流程图如图 3-11 所示。

知识点提示：

（1）if-else 是一条语句，为一个整体，不要误以为是两个语句。

（2）if 和 else 后可以是程序块，也可以是单一语句，注意程序块要统一缩进。

【例 3.7】　购物超市出口一般设有未购物通道，按超市规定出超市时，如果顾客没有购物应走未购物通道，否则走收银台结账出来。

算法设计：顾客出超市要根据是否购物选择不同的通道，共两种选择，可用双分支结构来描述，判断的条件为是否购物。

流程图：如图 3-12 所示。

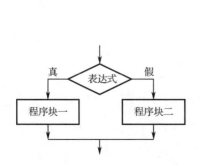

图 3-11　if-else 执行流程图

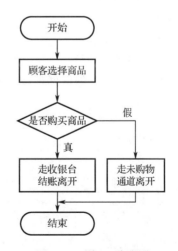

图 3-12　例 3.7 流程图

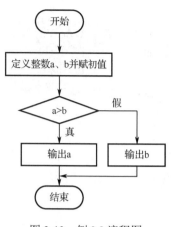

图 3-13　例 3.8 流程图

【例 3.8】　比较两个整数的大小，输出较大值。

算法设计：本题涉及两个整数，定义为整型变量 a、b。比较 a、b 的值，如果 a 大于 b 则输出 a，否则输出 b，最大值的输出共两种情况，用典型的 if-else 语句来实现。

流程图：如图 3-13 所示。

代码实现：

```
a=10;        #定义整数 a
b=50;        #定义整数 b
if a>b:      #比较 a、b 的大小
    print("最大值为:",a);
else:
    print("最大值为:",b);
```

运行结果：

```
最大值为: 50
```

 巩固提高

3.3.2 巩固提高答案

1．判断一个数是否为奇数。

2．某快递公司托运物品规定：重量不超过 50 公斤的，托运费按每公斤 0.15 元计费；如超过 50 公斤，则超过部分每公斤加收 0.10 元。编一程序完成自动计费工作。

3．程序员考试分理论知识和案例分析两个科目，在一次程序员考试中，只有两个科目分数均达到 45 分及以上，才算通过考试。编一程序对考生是否通过程序员考试进行自动计算。

3.3.3　多分支语句

在日常生活中，有时我们要根据特定的条件进行在多个选择中择其一执行操作，例如，根据某同学的成绩，判定其成绩的等级如下：

90～100 分为"优秀"；

70～89 为"良好"；

60～69 为"合格"；

60 分以下为"不合格"。

在 Python 程序中，当根据某特定条件在多个选择中择其一执行可用 if…elif…else 语句。其语法结构如下：

```
if 条件一:
        程序块一
elif 条件二:
        程序块二
elif 条件三:
        ……
else:
        程序块 else
```

多分支 if-elif-else 语句执行过程：如果条件一为真，则执行程序块一；否则（即条件一为假），如果条件二为真，则执行程序块二；否则（即条件一、二均为假），如果条件三为真，执行程序块三，以此类推；如果以上条件均不成立，执行程序块 else。其执行流程图如图 3-14 所示。

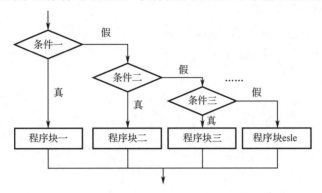

图 3-14　if-elif-else 语句执行流程图

【例 3.9】　某会所会员卡充值推出如下优惠：充值 10000 元及以上的打 7 折，充值 5000 元以上但不足 10000 元的打 8 折，充值 1000 元以上但不足 5000 元的打 9 折。

算法设计：充值要根据充值的金额大小选择不同的优惠方案，共三种充值折扣优惠选择，可用多分支结构来描述。

流程图：如图 3-15 所示。

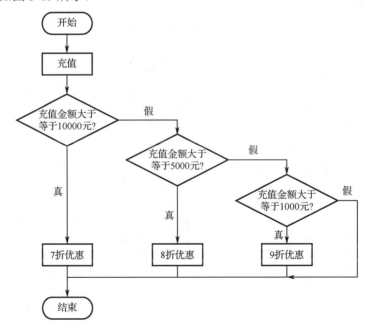

图 3-15　例 3.9 流程图

【例 3.10】　求下列函数中 y 的值。

$$\begin{cases} y=10 & (x=0) \\ y=3x+5 & (x>0) \\ y=x-2 & (x<0) \end{cases}$$

算法设计：该题涉及两个变量，可定义成整型变量 x、y，对 x 的值进行判断，根据 x 的取值范围确定 y 的值，共三种情况，可选用 if-elif-else 语句来实现。

流程图：如图 3-16 所示。

代码实现：

```
x = 5;           #定义 x 并赋初值
if x==0:         #根据 x 的值求 y 的值
    y = 10;
elif x>10:
    y = 3*x+5;
else:
    y = x-2;
print("y=",y);
```

运行结果：

```
y= 3
```

【例 3.11】 编写一个程序，功能是从键盘输入 1～4 中的某一个数字，由计算机打印出其对应的英文名称。

算法设计：定义整数 x，输入其值，对 x 值进行判断，输出其对应的英文名，共四种情况，当 x 等于 1 时输出 one、等于 2 时输出 two、等于 3 时输出 three、等于 4 时输出 four。可选用 if-elif-else 语句来实现。

流程图：如图 3-17 所示。

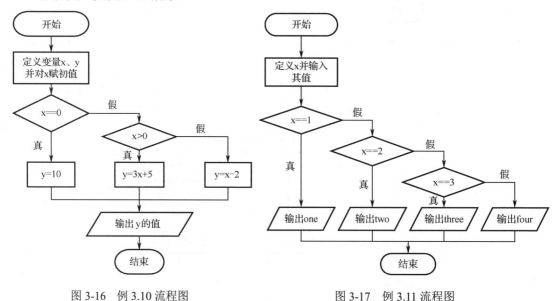

图 3-16　例 3.10 流程图　　　　图 3-17　例 3.11 流程图

代码实现：

```
x=int(input('请输入一个值为 1～4 的整数：'))
if x==1:
    print('one')
elif x==2:
    print('two')
elif x==3:
```

```
        print('three')
    else:
        print('four')
```

运行结果：

请输入一个值为 1～4 的整数：3

three

 巩固提高

3.3.3 巩固提高答案

1．在显示器上显示一个菜单模型，当输入数字时输出其对应的文字，如输入 4 则输出查询。菜单程序的模型如下：

1　存款

2　取款

3　转账

4　查询

5　退出

请输入你需要的操作编号：

2．根据某人的 BMI 值，判定其身高体重指数的等级（小于 18.5 为"偏瘦"，大于等于 18.5 且小于 24 为"正常"，大于等于 24 且小于 27 为"偏胖"，大于等于 27 且小于 30 为"肥胖"，大于等于 30 为"重度肥胖"）。

3．输入一个不多于 5 位的正整数，求出它是几位数，如输入 3457 则输出其为 4 位数。

3.3.4　分支语句嵌套

分支语句嵌套，即一个分支语句中可以包含另一个分支语句，前面讲到的三种分支语句都可以进行嵌套使用。系统并没有规定条件嵌套的层数，但层数太多会降低程序的可读性，且维护较为困难。

【例 3.12】　以坐轻轨为例，要成功乘坐轻轨，需要满足两个条件，即过安检和有车票。这两个条件有递进关系，首先要成功通过安检，在成功安检的基础上如果有车票才能进站乘坐轻轨。

算法设计：要成功进站乘坐轻轨，需要满足成功通过安检且有车票两个条件。这两个条件有递进关系，可用 if 条件嵌套来实现。

流程图：如图 3-18 所示。

【例 3.13】　输入一个整数，如果这个数是偶数，打印"x 是偶数"，同时判断它是否能被 4 整除，如果能被 4 整除再打印"x 还是 4 的倍数"；如果不是偶数则只打印"x 是奇数"。

算法设计：首先输入整数 x，先判断其奇偶性，如果是奇数，直接输出"x 是奇数"；如果是偶数，输出"x 是偶数"，且要进一步判断其是否能被 4 整除，再根据判断结果输出。因此对偶数是否能被 4 整除的判断属于条件的递进判断，可用 if 条件嵌套来实现。

流程图：如图 3-19 所示。

代码实现：

```
x=int(input('请输入一个整数：'))
if x%2==0:
    print(x,'是偶数')
```

```
if x%4==0:
    print(x,'还是 4 的倍数')
else:
    print(x,'是奇数')
```

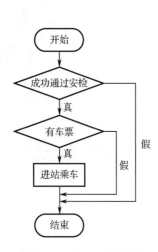

图 3-18 例 3.12 流程图

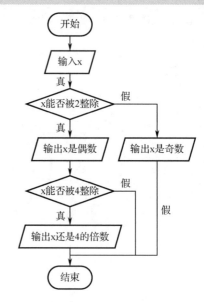

图 3-19 例 3.13 流程图

运行结果：

请输入一个整数：20
20 是偶数
20 还是 4 的倍数

 巩固提高

1．比较三个数的大小，输出最大值。

2．系统登录时，提示用户输入用户名，然后再提示输入密码。如果用户名是"admin"并且密码是"123456"，则提示登录成功；否则，如果用户名不是"admin"，提示用户名不存在，如果密码有误提示密码有误。

3.3.4 巩固提高答案

3.4 循环结构

循环结构用来表示反复执行某些操作的过程，直到循环条件为假结束。循环语句允许我们执行一个语句或语句组多次。在 Python 中，常用的循环语句包括 while 语句和 for 语句。

3.4.1 while语句

有时在某特定条件下需要反复执行某些操作，比如很多系统在登录时，允许用户最多可以输入三次密码，如果超过三次就锁定账户，用户输入密码这一操作在程序中就被反复执行三次。

在 Python 程序中，根据某一条件重复执行某些操作，可用 while 语句来实现，其语法结构如下：

> while　条件：
>> 程序块

while 语句执行过程：如果条件为真，则反复执行程序块；如果条件为假，则结束 while 循环，继续执行 while 循环后面的代码。其执行流程图如图 3-20 所示。

 知识点提示：

（1）注意 while 与 if 语句的区别，if 语句后的程序块最多执行一次，while 语句后的程序块在其条件为真时，会被反复执行。

（2）构造 while 循环时，语句中至少要有一个地方能让该循环结束，否则会形成无限循环。

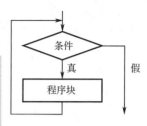

图 3-20　while 语句执行过程

【例 3.14】　辅导员李老师的班上有 50 名刚进校的大一新生，在为学生办理学生证时要逐个审查学生证上的基本信息是否有误。请利用循环结构画出审核 50 个学生的学生证的流程图。

算法设计：如果把审核学生证看作单一的一件事的话，李老师要重复做 50 次审核学生证这一操作。故审核学生证在结构化程序中属于典型的循环结构。在这个循环结构中，循环的条件是审核次数小于等于 50 次，当次数达到 50 次审核后循环结束，循环语句为审核学生证。

流程图：如图 3-21 所示。

【例 3.15】　有本著名的百科全书《十万个为什么》，尝试打印十万个问号"？"。

算法设计：　如果把打印一个问号"？"看作一个操作的话，打印十万个问号要重复做十万次同一件事。故打印十万个问号"？"在结构化程序中属于典型的循环结构。在这个循环结构中，循环的条件是打印次数小于等于十万次，当次数达到第十万次打印后循环结束，循环语句为打印一个问号。

流程图：如图 3-22 所示。

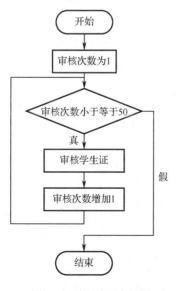

图 3-21　例 3.14 流程图

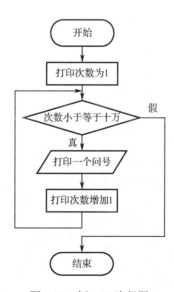

图 3-22　例 3.15 流程图

代码实现：

```
i=1
while i<=100000:
    print('?')
    i=i+1
```

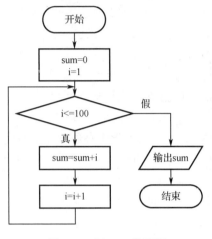

图 3-23　例 3.16 流程图

【例 3.16】　求 1 到 100 之间的所有整数的和。

算法设计：求 1 到 100 的整数的和，设累加和变量 sum，初值为 0，循环变量 i，初值为 1，将 1 到 100 依次作为变量 i 的值进行累加，如果 i 大于 100 则结束循环。

流程图：如图 3-23 所示。

代码实现：

```
sum=0
i=1
while i<=100:
    sum=sum+i
    i=i+1
print(sum)
```

运行结果：

```
5050
```

 巩固提高

1．输出 50～100 范围内所有的奇数。

2．输入若干非负整数，当输入–1 时程序终止，计算输入数据的最大值、最小值和平均值。

3.4.1 巩固提高答案

3.4.2　range()函数

在上节学习了 while 循环，while 循环通常应用于条件判断的循环情景，当条件满足就反复地执行循环语句块，直到循环条件为假终止。for 循环通常用于序列遍历的循环中，在讲解 for 循环之前我们先了解一个 Python 中常用的函数——range()函数。

range()函数格式如下：

```
range(start, end, step)
```

range()函数返回一个从 start 开始、end 结束（不包含 end），且间隔为 step 的整数序列对象。其参数解析为：

● start 表示计数从 start 开始，默认从 0 开始。例如，range(5)等价于 range(0,5)。

● end 表示计数到 end 结束，但不包括 end。例如，range(0,5)是[0, 1, 2, 3, 4]，没有 5。

● step 表示步长，即每次跳跃的间距，默认为 1。例如，range(0,5)等价于 range(0, 5, 1)。

知识点提示：

（1）range(start, end, step)中 start 和 step 均可缺省，缺省时按默认值计算，其中 start 默认为 0，step 默认为 1。

（2）range(start, end, step)包括 start，不包括 end，俗称包前不包后。

（3）如果从 start 到 end 的间隔值不足 1，则返回空的 range 对象。

【例 3.17】　range()函数示例。

range(10)   #返回包含 0,1,2,3,4,5,6,7,8,9 的 range 对象
range(0,10,3)   #返回包含 0,3,6,9 的 range 对象
range(0,-5,-1)   #返回包含 0,-1,-2,-3,-4 的 range 对象
range(0),range(1,0)   #返回空的 range 对象

 巩固提高

3.4.2 巩固提高答案

1．设置 range()函数使其产生序列：97,98,…,122。
2．设置 range()函数使其产生序列：4,9,14,19,…,99。
3．设置 range()函数使其产生序列：100,98,96,…,0,-2,…,-98,-100。

3.4.3　for 语句

Python 中 for 循环和 while 循环在本质上是没有区别的，但在实际应用中，其针对性不太一样。for 主要应用在序列遍历中。

for 语句的一般形式为：

```
for 变量 in 序列:
        程序块
```

for 语句执行过程：首先取序列中第一个元素作为变量的值，执行程序块，然后依次取序列中下一个元素作为变量的值，再一次执行程序块，反复下去，直到序列中所有元素全取出为止。执行 for 循环时，系统自动将序列中的元素依次作为变量的值，反复执行程序块，即序列中有多少个元素，就会执行多少次程序块。如果需要遍历数字序列，则可以使用内置 range()函数生成数列。

for 语句的执行流程图如图 3-24 所示。

知识点提示：for 语句中的序列除了 range 序列外，还可为字符串、列表、元素和集合，其具体应用将在后面的章节再做介绍。

【例 3.18】　求 10 的阶乘。

算法设计：1 到 10 的整数可以通过 range()函数构造数列，将数列中的元素值依次作为变量 i 的值进行累乘，如果 i 大于 10 则跳出循环，设累乘变量 p，初值为 1。

流程图：如图 3-25 所示。

代码实现：

```
p=1
for i in range(1,11):
    p=p*i
print(p)
```

运行结果：

```
3628800
```

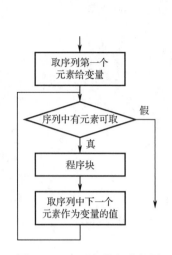

图 3-24　for 语句执行流程图

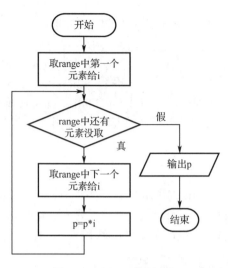

图 3-25　例 3.18 流程图

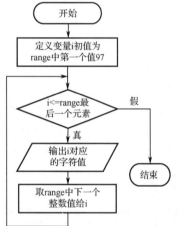

图 3-26　例 3.19 流程图

【例 3.19】 实现打印 26 个小写英文字母。

算法设计：打印 26 个小写英文字母，即输出 "a" 到 "z"。如果把打印一个字母看成一个操作，则打印所有的小写英文字母就是反复执行打印一个字母这个操作，属于典型的循环结构，可利用 range 函数生成序列 97,98,…,122，打印序列中整数对应的字母字符即可。

流程图：如图 3-26 所示。

代码实现：

```python
for i in range(97,123,1):
    print(chr(i),end='')
```

运行结果：

```
abcdefghijklmnopqrstuvwxyz
```

巩固提高

1．求 100 以内奇数的累加和。

2．等额本金为一种常见的银行贷款还款方式。假设贷款 20 万元，贷款期限为 20 年（240 个月），贷款月利率为 0.5%，按照等额本金方式还款的话，每月偿还的贷款本金一样，都是 20 万元/240 月=833.33 元，贷款利息首月则是 20 万元*0.5%=1000 元，本息合计 1833.33 元。第二个月，本金依然是 833.33 元，但利息则变成（20 万元-833.33 元）*0.5%=995.83335 元。小王近期在银行贷款 80 万元，贷款期限为 30 年，月利率为 0.49%，试打印出采用等额本金还款方式的还款清单及还款总额。

3.4.3 巩固提高答案

3.4.4　循环辅助语句

前面我们介绍的都是按照事先制定的循环条件正常执行和终止的循环，但是有时在循环执行的过程中需要提前终止循环，就要用到 break 语句；有时并不希望终止整个循环操作，而只希望提前结束本次循环，接着执行下次循环，这时可以用 continue 语句。

知识点提示：

（1）break 语句用于提前结束正在执行的循环。

（2）continue 语句用于提前结束本次循环，接着执行下次循环。

【例 3.20】 某校在 1000 个学生中征集慈善募捐，当总数达到 10 万元时就结束，统计此时捐款的人数。

算法设计：循环次数不确定，但最多循环 1000 次，在循环体中累计捐款总数，用 if 语句检查是否达到 10 万元，如果达到就不再继续执行循环，终止累加。

流程图：如图 3-27 所示。

代码实现：

```
total=0
for i in range(1,1001):
    money=int(input('请输入募捐的金额：'))
    total=total+money
    if total>=100000:
        break
print('捐款人数为：',i)
```

运行结果：

```
请输入募捐的金额：50000
请输入募捐的金额：20000
请输入募捐的金额：30000
捐款人数为：3
```

【例 3.21】 我国现有 14 亿人口，假设每年增长 0.8%，编写程序，计算多少年后达到 26 亿？

算法设计：人口从 14 亿开始每年不断地增长 0.8%，直到达到 26 亿后截止，可用 while 循环结合 break 语句实现。

流程图：如图 3-28 所示。

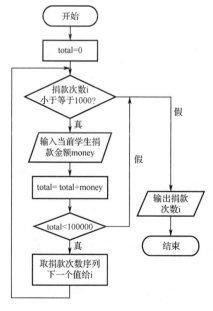

图 3-27　例 3.20 流程图

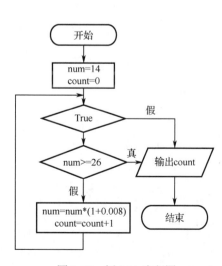

图 3-28　例 3.21 流程图

代码实现：

```
num = 14          #人数
count = 0         #计数
while True:
    if num>=26:
        break
    num=num*(1+0.008)
    count=count+1
print(count)
```

运行结果：

```
78
```

 巩固提高

1．输出 1000 以内能被 7 整除的前 10 个数，其中第 5 个数不输出。

3.4.4巩固提高答案

2．某校在全校 10000 名学生中，征集公益图书捐赠，当图书总数达到 5000 本时就结束。统计结束时捐赠图书的人数、图书总数及平均每人捐款的图书本数。

3.4.5　循环嵌套

一个循环体内又包含另一个完整的循环结构，称为循环的嵌套，内嵌的循环中还可以嵌套循环，即多层循环。

知识点提示：

（1）嵌套的原则：不允许交叉。

（2）循环与分支可以相互嵌套但不允许交叉。

【例 3.22】　输出如下图形：

```
********
********
********
```

算法设计：分 3 行输出，即反复执行打印一行星号这个操作 3 次，行数由外循环控制。每行的打印操作可以看成两件事，依次打印 8 个星号和换行，8 个星号和换行的打印由内循环控制。

流程图：如图 3-29 所示。

代码实现：

```
for i in range(1,4):   #3 行
    #打印 8 个*
    for j in range(1,9):
        print('*',end='')
    #换行
    print('')
```

运行结果：

```
********
********
********
```

【例 3.23】　打印九九乘法表。

算法分析：本题需要用一个双重循环来实现，外循环控制打印 9 行，内循环控制每行算式的输出。

流程图：如图 3-30 所示。

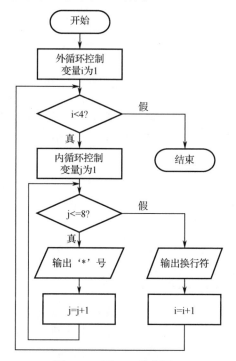

图 3-29　例 3.22 流程图

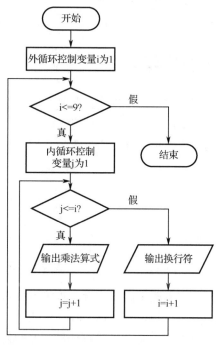

图 3-30　例 3.23 流程图

代码实现：

```
for i in range(1,10):   #9 行
    for j in range(1,i+1):   #每行打印 i 个算式
        print(j,'*',i,'=',i*j,'\t',end='')
    print('')            #换行
```

运行结果：

```
1 * 1 = 1
1 * 2 = 2   2 * 2 = 4
1 * 3 = 3   2 * 3 = 6   3 * 3 = 9
1 * 4 = 4   2 * 4 = 8   3 * 4 = 12  4 * 4 = 16
1 * 5 = 5   2 * 5 = 10  3 * 5 = 15  4 * 5 = 20  5 * 5 = 25
1 * 6 = 6   2 * 6 = 12  3 * 6 = 18  4 * 6 = 24  5 * 6 = 30  6 * 6 = 36
1 * 7 = 7   2 * 7 = 14  3 * 7 = 21  4 * 7 = 28  5 * 7 = 35  6 * 7 = 42  7 * 7 = 49
1 * 8 = 8   2 * 8 = 16  3 * 8 = 24  4 * 8 = 32  5 * 8 = 40  6 * 8 = 48  7 * 8 = 56  8 * 8 = 64
1 * 9 = 9   2 * 9 = 18  3 * 9 = 27  4 * 9 = 36  5 * 9 = 45  6 * 9 = 54  7 * 9 = 63  8 * 9 = 72  9 * 9 = 81
```

巩固提高

1. 打印如下图形：

1

22

333

3.4.5 巩固提高答案

2．求 1+2!+3!+…+10!的和。

3．分别用单循环和双循环打印如下黑白相间的星星图形：

★☆★☆★☆★☆★☆

★☆★☆★☆★☆★☆

★☆★☆★☆★☆★☆

★☆★☆★☆★☆★☆

3.5 异常处理

在编程过程中，经常会出现一些错误，Python 将出现的错误分为错误和异常两种。错误主要是指语法错误，如符号遗漏、关键字拼写错误、缩进错误等。在错误提示中会有倒三角箭头的修改指示位置，如图 3-31 所示。

```
def func:

func()

    File "<ipython-input-1-ada07fa3b5dd>", line 1
      def func:

SyntaxError: invalid syntax
```

图 3-31　Python 常见语法错误提示

异常主要是指运行错误，即在语法和表达式上没有错误，运行时会发生错误的情况，如除数为 0、文件找不到等。异常出现的错误提示如图 3-32 所示。Python 常见异常参见书后附录 A。异常的发生会影响程序的正常执行，因此，当 Python 程序发生异常时我们需要捕获并处理它，否则程序会终止执行。

```
print(1/0)

ZeroDivisionError                        Traceback (most recent call last)
<ipython-input-4-2fc232d1511a> in <module>()
----> 1 print(1/0)

ZeroDivisionError: division by zero
```

图 3-32　Python 常见异常提示

捕获异常可以使用 try-except 语句，其语法结构如下：

```
try:
        程序块一
except <异常名>:
        程序块二
else:
        程序块三
finally:
        程序块四
```

try-except 语句执行过程：执行程序块一，如果没有出现异常则执行 else 后的程序块三；如果捕获到"异常名"对应的异常，则执行 except 后的程序块二；无论有无异常出现，均要执行 finally 后的程序块四。

try-except 语句执行流程图：如图 3-33 所示。

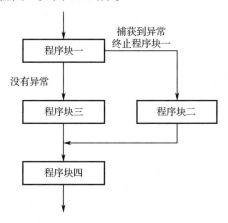

图 3-33　try-except 语句执行流程图

 知识点提示：

（1）如果 try 语句中程序块发生异常，则程序块中异常语句后的代码中断执行。

（2）try-except 语句中的 except 可以有多个，捕获到哪个 except 后的异常就执行对应 except 后的程序块，其他 except 不执行。

【例 3.24】　捕获 print(1/0) 语句异常并处理。

代码实现：

```
try:
    print(1/0)
    print("没有发生异常，继续执行语句行！")
except ZeroDivisionError:
    print("发生异常 ZeroDivisionError！")
else:
    print("没有发生异常，执行 else 后语句块！")
finally:
    print("有没有异常都执行我！")
```

运行结果：

```
发生异常 ZeroDivisionError！
有没有异常都执行我！
```

【例 3.25】　猜数字游戏，预设一个 1~9 之间的整数，让用户通过键盘输入所猜数字，如果大于预设的数，就显示"遗憾，太大了"；如果小于预设的数，就显示"遗憾，太小了"；如此循环，直至猜到该数，显示"预测 N 次，你猜中了！"，其中 N 是用户输入数字的次数。

算法设计：猜数字游戏，反复猜数，最多可以猜 9 次，故用循环实现。每次对预设数字进行判断，共有三种情况，即大于、小于或等于输入数字，可用 if-elif-else 语句来实现。输入的数字变量可进行异常捕获，如果存在则进行比较猜数，如不存在则进行异常的捕获处理。

流程图：如图 3-34 所示。

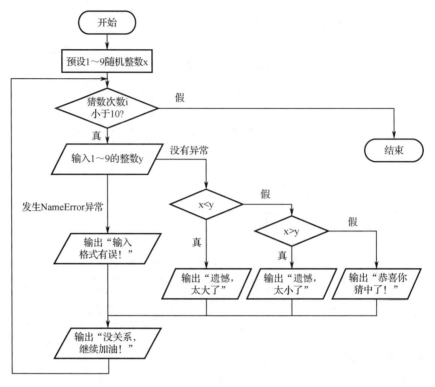

图 3-34　例 3.25 流程图

代码实现：

```
x=9    #下两行代码可生成 0～9 随机整数 x
#import random              #导入 random 模块
#x=random.randint(0,9)    #生成 0～9 随机整数 x
print("————猜数字游戏————")
for i in range(10):
    try:
        y=int(input("请输入一个 0 到 9 的数:"))
    except NameError:
        print("输入格式有误！")
    else:
        if x < y:
            print("遗憾，太大了")
        elif x > y:
            print("遗憾，太小了")
        else:
            print("预测", str(i + 1), "次，恭喜你猜中了！")
            break
        print("没关系，继续加油！")
print("————游戏结束————")
```

运行结果：

————猜数字游戏————
请输入一个 0 到 9 的数:6

遗憾，太小了

没关系，继续加油！

请输入一个 0 到 9 的数:8

遗憾，太小了

没关系，继续加油！

请输入一个 0 到 9 的数:9

预测 3 次，恭喜你猜中了！

————游戏结束————

3.6　素质拓展

在全国计算机等级考试二级"Python 语言程序设计"考试中，程序控制结构部分明确指出要求掌握如下内容。

➤ 程序的三种控制结构。

➤ 程序的分支结构：单分支结构、二分支结构、多分支结构。

➤ 程序的循环结构：遍历循环、无限循环、break 和 continue 循环控制。

➤ 程序的异常处理：try-except。

【拓展训练】

➡ 一、选择题

1．关于结构化程序设计所要求的基本结构，以下选项中描述错误的是（　　）。

　　A．重复（循环）结构　　　　　　　　B．选择（分支）结构

　　C．goto 跳转　　　　　　　　　　　　D．顺序结构

2．关于 Python 的分支结构，以下选项中描述错误的是（　　）。

　　A．分支结构使用 if 保留字

　　B．Python 中 if-else 语句用来形成二分支结构

　　C．Python 中 if-elif-else 语句描述多分支结构

　　D．分支结构可以向已经执行过的语句部分跳转

3．关于程序的异常处理，以下选项中描述错误的是（　　）。

　　A．程序异常发生经过妥善处理可以继续执行

　　B．异常语句可以与 else 和 finally 保留字配合使用

　　C．编程语言中的异常和错误是完全相同的概念

　　D．Python 通过 try、except 等保留字提供异常处理功能

4．下面代码的输出结果是（　　）。

```
for i in range(3):
    print(i,end='')
```

　　A．012　　　　　　　　B．123　　　　　　　　C．333　　　　　　　　D．12

5．以下选项对死循环的描述正确的是（　　）。

　　A．使用 for 语句不会出现死循环　　　　B．死循环就是没有意义的

C．死循环有时候对编程有一定作用　　　　D．无限循环就是死循环

6．下列有关 break 语句与 continue 语句不正确的是（　　）。

　　A．当多个循环语句彼此嵌套时，break 语句只适用于最里层的语句

　　B．continue 语句类似于 break 语句，也必须在 for 或 while 循环中使用

　　C．continue 语句结束循环，继续执行循环语句的后继语句

　　D．break 语句结束循环，继续执行循环语句的后继语句

7．以下选项所对应的 except 语句数量可以与 try 语句搭配使用的个数是（　　）。

　　A．一个且只能是一个　　　　　　　　　B．多个

　　C．最多两个　　　　　　　　　　　　　D．0 个

⊙ 二、操作题

1．编写程序，从键盘输入一个整数和一个字符，以逗号隔开，在屏幕上显示输出一条信息。示例如下：

```
输入
10,@
输出
@@@@@@@@@@ 10 @@@@@@@@@@
```

2．编写程序，从键盘输入数值 M 和 N，求 M 和 N 的最大公约数。

3．编写程序，从键盘输入一个整数，转换为二进制数输出显示在屏幕上，示例如下：

```
输入
12
输出
转换成二进制数是：1100
```

第4章 函数

为了实现代码的重复使用，Python 支持将代码逻辑组织成函数。函数是一种组织好的、允许重复使用的代码段，通常用来实现单一或相关联的功能，在代码中灵活地使用函数能够提高应用的模块化和代码的重复利用率。为了提高开发效率，提高程序的可用性，编程中经常会在不同的地方使用相同的代码逻辑，需要通过技术手段将这些代码作为整体封装起来，允许在不同的地方使用，函数就是解决这个问题的方案之一。Python 中的函数分为系统函数和自定义函数两大类。系统函数是系统预先定义好的函数，不需要用户自己编写，直接调用对应函数就可以实现一些特定的功能。自定义函数需要用户自己编写函数内容来实现用户所需要的某些特定功能。

学习目标

● 掌握常用的系统函数。
● 认识函数，掌握函数的定义和调用方式。
● 掌握不同的参数传递方法、函数的返回值。
● 掌握匿名函数、递归函数、随机函数的定义和使用。
● 理解模块设计的思路，能够使用函数进行编程。

4.1 自定义函数

自定义函数需要用户自己编写函数内容来实现用户所需要的某些特定功能。函数的使用需掌握函数的定义、函数的调用、参数的传递及函数的返回值。只需要定义一次，便可以实现无数次的重复使用。

4.1.1 函数定义

在 Python 中使用 def 关键字定义函数，其基本语法如下：

```
def 函数名([参数列表]):
    函数体
    [return 语句]
```

其中：

（1）def：定义函数必须使用的关键字，标志着定义函数的开始。

（2）函数名：用户自己为函数取的名字，是函数的唯一标志，其命名规则与变量命名规则相同。

（3）圆括号："( )"必须要有，表示这是一个函数，括号里面是函数的参数，即便函数没有参数，这个括号也不能省略。

（4）参数列表：这里的参数称为形式参数，简称"形参"。参数个数可以是零个、一个或者多个，多个参数之间用逗号隔开。若参数个数为零，则称该函数为无参函数，反之为有参函数。

（5）冒号：是定义函数的必须格式，标记函数体的开始。

（6）函数体：是该函数的核心，即每次调用函数要执行的代码，由一行或多行 Python 语句构成，它们要保持缩进。

（7）return 语句：标志着函数的结束，该语句可以有零个、一个或多个，将其后的值返回至函数调用的地方。

【例 4.1】 定义一个比较两个数大小的函数。

代码实现：

```
def my_max(a,b):
    t=a
    if b>a:
        t=b
    return t
```

【例 4.2】 定义一个求绝对值的函数。

代码实现：

```
def my_absolute(x):
    if x>=0:
        print(x)
    else:
        print(-x)
```

 巩固提高

1. 定义一个比较三个数大小的函数。

2. 分别定义函数，计算圆的面积和周长。

4.1.1 巩固提高答案

4.1.2 函数调用

在 Python 中，所有的函数定义（包括主函数、主程序）都是平行的。函数之间允许相互调用，也允许嵌套调用，我们习惯上把调用者称为主调函数。

程序的执行总是从主程序函数开始的，完成对其他函数的调用后再返回主程序函数，最后由主程序函数结束整个程序。函数定义好之后并不会立即执行，直到被程序调用时才会生效。调用函数的方式比较简单，其语法如下：

函数名(参数列表)

此时的参数称为实际参数，简称"实参"，实参的值将被传递给函数的形参。实参的值可以是常量、变量、表达式、函数等。

程序执行时，函数调用的流程简要叙述如下。

（1）主程序在函数调用处暂停执行。

（2）将实参传递给形参。

（3）进入被调函数，执行函数体里面的语句，直至遇到 return 语句返回；若无 return 语句则执行到最后一句后返回到函数调用处。

（4）接着执行函数调用后面的语句，直至主程序结束则停止。

【例 4.3】 从键盘输入两个数，调用例 4.1 中的 my_max()函数比较两数的大小，最后输出两者间的较大值。

代码实现：

```
def my_max(a,b):
    t=a
    if b>a:
        t=b
    return t
x = int(input('x='))
y = int(input('y='))
max = my_max(x,y)
print('两者中较大的是：',max)
```

输入：4 5。

分析：上述代码中"my_max(x,y)"是函数的调用，其中 x 和 y 就是实参，x 将被传递给函数定义中的形参 a，y 将被传递给函数定义中的形参 b，程序执行流程如图 4-1 所示。

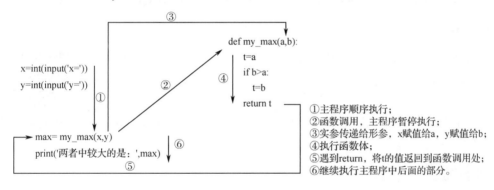

图 4-1 例 4.3 程序执行流程

运行结果：两者中较大的是：5。

【例 4.4】 调用例 4.2 中的 my_absolute()函数返回-10.0 的绝对值。

代码实现：

```
def my_absolute(x):
    if x>=0:
        print(x)
    else:
        print(-x)
my_absolute(-10.0)
print('---程序结束---')
```

程序执行流程如图 4-2 所示。

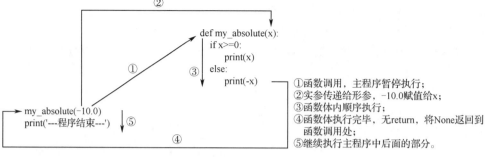

①函数调用，主程序暂停执行；
②实参传递给形参，-10.0赋值给x；
③函数体内顺序执行；
④函数体执行完毕，无return，将None返回到函数调用处；
⑤继续执行主程序中后面的部分。

图 4-2　例 4.4 流程图

运行结果：

```
10.0
---程序结束---
```

 知识点提示：

（1）形参和实参区分：形参一般在函数定义的时候出现，实参一般在函数调用的时候出现。

（2）自定义函数在使用之前，一定确保该函数已经被定义过，否则解释器会报错而无法运行。

 巩固提高

1．从键盘输入三角形三条边，利用海伦公式求该三角形的面积。

（海伦公式：$s = \sqrt{p(p-a)(p-b)(p-c)}$　　$p = \dfrac{a+b+c}{2}$ ）

4.1.2 巩固提高答案

2．输入整数 n，自定义函数，实现求和：$1+(1+2)+(1+2+3)+ \cdots +(1+2+3+\cdots+n)$。

4.1.3　参数传递

参数的传递是指将函数实参传递给形参的过程。Python 中函数支持多种方式的参数传递，本节将重点介绍位置参数传递、默认值参数传递和关键字参数传递。

1. 位置参数传递

当函数调用时，默认按照参数位置的顺序进行传递，即将第 1 个实参数据传递给第 1 个形参，第 2 个实参传递给第 2 个形参，以此类推，完成全部参数的传递。

【例 4.5】　假设自定义一个函数 is_triangle()，实现判定一个三角形是否为直角三角形，该函数的定义如下：

```
def is_triangle(a,b,c):
    if a*a+b*b==c*c or a*a+c*c== b*b or b*b+c*c==a*a:
        print('该三角形是直角三角形')
    else:
        print('该三角形不是直角三角形')
```

由以上函数定义可以看出，is_triangle()函数有 3 个形参，即函数需要接受 3 个值（表示三角形的三条边长），那么在调用 is_triangle()函数时，需要传入 3 个参数，代码如下：

```
is_triangle(3,4,5)
```

参数传递过程如图 4-3 所示。

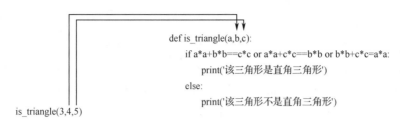

```
                                              def is_triangle(a,b,c):
                                                  if a*a+b*b==c*c or a*a+c*c==b*b or b*b+c*c=a*a:
                                                      print('该三角形是直角三角形')
                                                  else:
                                                      print('该三角形不是直角三角形')
is_triangle(3,4,5)
```

图 4-3　例 4.5 参数传递过程图

函数调用时第 1 个实参 "3" 将会被传递给形参 a，第 2 个实参 "4" 将会被传递给形参 b，第 3 个实参 "5" 将会被传递给形参 c，最终使得 a=3、b=4、c=5，执行函数体的内容。

特别注意，通过位置传递方式进行参数传递时，要求实参与形参的个数必须保持一致，否则程序会出现异常；其次，参数的位置要根据用户需求放置正确，方能得出正确的结果。

➋ 2．默认值参数传递

默认值参数就是在函数定义时为一些形参预先设定一个默认值，在调用带有默认值参数的函数时，可以不用为设置了默认值的形参进行传值，此时函数将会直接使用函数定义时设置的默认值。

在编程中经常会遇到事先知道函数会被多次调用，且调用时某些形参的值不会发生变化，此时为了编程简便，编程者习惯将这些值不发生变化的参数设置成具有默认值的参数。带有默认值参数的函数定义语法如下：

```
def 函数名(…,形参名=默认值):
    函数体
```

【例 4.6】　设定一个函数 show_date()，多次调用该函数显示 2020 年 3 月的日期。该函数定义如下：

```
def show_date(day, month='3', year='2020'):
    print(year + '. ' + month + '. ' + day)
for i in range(1,32):
    i = str(i)
    show_date(i)
```

分析题意可知，该函数主要实现输出 2020 年 3 月的日期，其中年、月两个参数值是固定不变的，像这种值固定不变的参数，可以在函数定义时就为其赋值，即 "def show_date(day, month='3', year='2020'):"，我们称 month、year 为默认值参数。

在 show_date(i) 调用中，将 i 的值传递给形参 day，而没有为 month、year 提供参数值，此时便使用默认的 "month='3', year='2020'"。拥有默认参数的函数，在调用时可以不给默认参数传值，以此达到书写简单的目的。

【例 4.7】　带有默认值参数的函数调用。

```
def fun(a,b=1,c=2)
    print(a,b,c)


fun(0)
fun(1,2)
fun(1,2,3)
```

结果：

```
0 1 2
1 2 2
1 2 3
```

第一次函数调用：fun(0)，此时 a=0，没有为形参 b、c 提供值，使用默认的 b=1、c=2。

第二次函数调用：fun(1,2)，此时 a=1、b=2，没有为形参 c 提供值，使用默认的 c=2。

第三次函数调用：fun(1,2,3)，所有形参均可得到值，即 a=1、b=2、c=3。

通过以上两个例题可知，在调用函数时是否为默认值参数传递实参是可选的，具有较大的灵活性。若没有为默认值参数传递值，则使用默认值；若为默认值参数传递了值，则替换其默认值。这里需要注意，任何一个默认值参数右边都不能再出现没有默认值的位置参数，否则会提示语法错误，若将例 4.7 中 fun()函数定义的第一行写成"def fun(b=1, a ,c=2):"，此时默认值参数 b 的右边出现了没有值的普通参数，程序运行时会提示语法错误。

3. 关键字参数传递

当函数中形参的数目过多时，编程者很难记住每个参数的位置，这时可以使用关键字方式传递参数。关键字参数传递主要指调用函数时的参数传递方式，与函数定义无关。通过关键字参数传递可以按参数名字传递值，它允许实参顺序与形参顺序不一致，且不会影响参数值的传递结果，避免编程者需要牢记参数位置和顺序的麻烦，使得函数的调用和参数的传递更加灵活。

注意是在函数调用的地方设置关键字参数，其语法如下：

函数名(形参变量名 1=实参值 1,形参变量名 2=实参值 2,…)

【例 4.8】 将例 4.7 中函数调用处改成关键字参数方式，代码如下：

```
def fun(a,b=1,c=2)
    print(a,b,c)


fun(c=3,a=1,b=2)
```

运行结果：

```
1 2 3
```

函数调用处：fun(c=3,a=1,b=2)，实参 a、b、c 称为关键字参数，我们无须再关心函数定义时形参的顺序，直接在传参时指定对应的名称即可，使得形参 a=1、b=2、c=3。

 知识点提示：

（1）在函数内部直接修改形参的值不会影响实参的值。

（2）在调用函数时是否为默认值参数传递实参是可选的。

（3）任何一个默认值参数右边都不能再出现没有默认值的位置参数。

（4）关键字参数的设定是在函数调用处进行的。

 巩固提高

1. 自定义函数，求一个数的素数因数，如 12，其因数为"1,2,3,4,6,12"，其中为素数的只有"2,3"，故 12 的素数因数为"2,3"。

2. 自定义两个函数分别计算：一个数的最大公约数和最小公倍数。

4.1.3 巩固提高答案

4.1.4　函数返回值

任何一个函数都拥有返回值，遇到 return 语句，将其后的值返回到函数调用处，若没有 return 语句，则函数体执行完毕后返回一个 None。函数中 return 语句是可选项，可以出现在函数的任何位置，它的作用是结束当前函数，无论有多少个 return 语句，当执行到第一个 return 语句时，立刻将程序返回到函数调用的位置，继续执行主程序中剩下的语句，同时将函数中的数据返回给主程序。

【例 4.9】　自定义函数 is_Prime()，实现判断输出一个数是否为素数。

代码实现：

```
def is_Prime(n):
    for i in range(2, n):
        if n % i == 0:
            print('该数不是素数')    #循环执行过程中碰到符合条件时，输出不是素数
            break             #同时立即使用 break 结束函数体的执行，返回到函数调用处
    print('该数是素数')        #当循环都执行完毕了还未碰到符合条件，判断输出是素数

result = is_Prime(7)          #将 None 值返回并复制给变量 result
print(result)
```

运行结果：

```
该数是素数
None
```

以上程序定义了 is_Prime()函数，实参 7 传递给形参 n，当 i=2、3、4、5、6 时，if 条件均不成立，故第一个 print()、break 永远得不到执行，此时 for 循环结束，顺序执行第 2 个 print()，输出结果"该数是素数"。函数体执行过程中并未遇到 return 语句，故将 None 返回到函数调用的地方，并将 None 复制给变量 result，并最终输出到屏幕上。

【例 4.10】　自定义函数 is_type()，从键盘输入一个字符，判断该字符是英文字符、数字字符还是其他字符。

代码实现：

```
def is_type(ch):
    if (ch>='A' and ch<='Z') or (ch>='a' and ch<='z'):
        return '该字符是英文字符'        #判断是否是英文字符
    if ch>='0' and ch<='9':
        return '该字符是数字字符'        #判断是否是数字字符
    else:
        return '其他字符'              #除了以上两种字符，为其他字符

ch = input('ch=')
result = is_type(ch)
print(result)
```

输入：

```
9
```

运行结果：

该字符是数字字符

以上程序定义了 is_type()函数，函数体包含 3 个 return 语句，最终只会执行其中一个，即函数执行时遇到的第一个 return，并带着相应的值返回到函数调用处，使用变量 result 接收该返回值，最终输出到屏幕上。

知识点提示：

（1）函数可以有零个、一个或多个 return 语句，但无论多少个 return 语句，只有一个 return 语句起作用，即第一次遇到的 return 语句，系统只要一遇到 return 语句就立刻结束函数体语句的执行，将值返回到函数调用的地方。

（2）若没有 return 语句，则默认返回 None 到函数调用的地方。

巩固提高

1. 自定义函数，实现判断一个三位数是否是水仙花数。所谓的"水仙花数"是指一个三位数其各位数字的立方和等于该数本身，例如 153 是"水仙花数"，因为 $153 = 1^3 + 5^3 + 3^3$。

4.1.4 巩固提高答案

2. 某公司根据员工在本公司的工龄决定其可享受的年假天数，如表 4-1 所示。

表 4-1　工龄与年假天数

工　　龄	年 假 天 数
小于 5 年	1 天
5～10 年	5 天
10 年以上	7 天

3. 著名的哥德巴赫猜想预言，任何一个大于 6 的偶数都可以分解成两个素数的和，例如 6=3+3、8=3+5、10=5+5、12=5+7 等，自定义函数验证在 100 之内的偶数都可以这样分解。

4.2　特殊函数

除了前面介绍的普通函数，本节将介绍 Python 中 3 种常见的特殊函数：递归函数、匿名函数和随机函数。

4.2.1　递归函数

函数的递归调用是函数调用的一种特殊方式，即函数调用自己，自己再调用自己，自己再调用自己……当某个条件得到满足时就不再调用了，然后再一层一层地返回，直到回到该函数的第一次调用。例如，在函数 A 中调用递归函数 B 的调用流程图如图 4-4 所示。

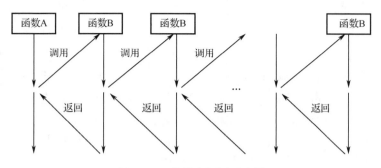

图 4-4　函数递归调用示意图

递归函数通常用于解决结构相似的问题，基本实现思路是将一个复杂的问题转化成若干个子问题，子问题的形式和结构与原问题相似，求出子问题的解之后根据递归关系可以获得原问题的解。

【例 4.11】　自定义函数 fact()，实现求 n！=1*2*3*4*…*(n-1)*n 的值。

代码实现：

```
def fact(n):
    if n==1:
        return 1
    else:
        return fact(n-1)*n          #fact()函数递归调用自己


result=fact(5)
print("5!= ",result)
```

fact(n)是一个递归函数，当 n 大于 1 时，fact(n)以 n-1 作为参数重复调用自身，直到 n 为 1 时调用结束，开始返回得出每层函数调用的结果，最后返回计算结果。本例中调用函数求 5 的阶乘，则递归函数的整个执行过程如图 4-5 所示。

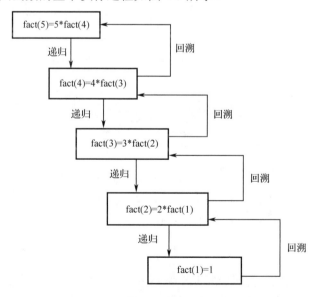

图 4-5　例 4.11 程序执行过程

巩固提高

1. 一只猴子第 1 天摘下若干桃子，当即吃了一半，还不过瘾，又多吃了 1 个。第 2 天早上又将剩下的桃子吃掉一半，又多吃 1 个。以后每天早上都吃了前一天剩下的一半再多加 1 个。到第 10 天早上想再吃的时候，只剩下 1 个桃子了，问猴子在第 1 天共摘了多少个桃子？

4.2.1 巩固提高答案

2. 求斐波那契数列第 n 项的值。斐波那契数列又称黄金分割数列，这个数列从第 3 项开始，它的每项等于前两项的和。在数学上，其递推公式定义如下：

F(1)=1，F(2)=1，F(n)= F(n-1)+ F(n-2) (n>=3)。

4.2.2 匿名函数

匿名函数，即没有函数名字的临时使用的小函数，无须定义标识符，它与普通函数一样可以在程序的任何位置使用。编程过程中，时常会遇到临时需要一个类似于函数的功能但又不想去完成复杂函数定义的情况，这时可以使用匿名函数来代替。

Python 中使用 lambda 关键字定义匿名函数，因此又将匿名函数称为 lambda 表达式。在定义时被严格限定为单一表达式，不允许包含其他复杂的语句，但在表达式中可以调用其他函数，该表达式的计算结果相当于函数的返回值，其语法格式如下：

lambda <形式参数列表>:<表达式>

与普通函数相比较，匿名函数的体积较小，功能单一，它仅仅是一个为简单任务服务的对象。其与普通函数的主要区别如表 4-2 所示。

表 4-2　匿名函数与普通函数比较

类　别	是否有函数名	函　数　体	实　现　功能	是否能被其他函数使用
普通函数	是	多条语句	较复杂	是
匿名函数	否	一条语句	较简单	否

定义好的匿名函数不能直接使用，最好使用一个变量来保存它，以方便随时使用。

【例 4.12】 定义一个求 3 个数字之和的匿名函数，并计算输出 1+2+3 的和。

代码实现：

```
f = lambda x,y,z:x+y+z        #定义匿名函数
temp = f(1,2,3)               #变量 f 作为匿名函数临时名称来调用函数
print("1+2+3=",temp)
```

运行结果：

```
1+2+3=6
```

匿名函数有 3 个参数 x、y、z，此时使用变量 f 作为匿名函数临时名称来调用，f(1,2,3) 使得 3 个参数得到相应的值，最终计算出结果。

 巩固提高

1. 定义一个匿名函数，完成计算某个数值的平方。

2. 定义一个匿名函数，完成计算任意两个数值的乘积。

4.2.2 巩固提高答案

4.2.3　随机函数

Python 中 random 模块用于生成随机数，它提供了很多函数。本节将对常见的随机数函数进行讲解。

1．random.random( )

random()函数作用：返回 0 与 1 之间的随机浮点数 N，范围为 0<=N<1.0。

【例 4.13】　产生两个 0～1 之间的随机浮点数，并打印输出。

代码实现：

```
import random                      #引入 random 模块
print("random():", random.random())   #生成第一个 0～1 的随机数
print("random():", random.random())   #生成第二个 0～1 的随机数
```

运行结果：

```
random(): 0.08735808570425463
random(): 0.7156648848525313
```

2．random.uniform(a,b)

uniform(a,b)函数作用：返回 a 与 b 之间的随机浮点数 N，范围为[a,b]。若 a<b，则生成的随机浮点数 N 的取值范围为 a<=N<=b；若 a>b，则生成的随机浮点数 N 的取值范围为 b<=N<=a。

【例 4.14】　使用 uniform()函数随机产生两个 10～100 之间的浮点数，并打印输出。

代码实现：

```
import random                        #引入 random 模块
print("random:", random.uniform(10, 100))   #生成一个 10～100 的随机数
print("random:", random.uniform(100, 10))   #第一个参数小于第二个参数的情况
```

运行结果：

```
random: 26.327833627251515
random: 24.50452904693097
```

3．random.randint(a,b)

randint(a,b)函数作用：返回一个随机的整数 N，N 的取值范围为 a<=N<=b。需要注意的是，a 和 b 的取值必须为整数，并且 a 的值一定要小于 b 的值。

【例 4.15】　使用 randint()函数随机产生两个 10～20 之间的整数，并打印输出。

代码实现：

```
import random                      #引入 random 模块
print(random.randint(10, 20))      #生成一个随机数 N，N 的取值范围为 12<=N<=20
print(random.randint(20, 20))      #两个参数相等，N 的结果永远为 20
#print(random.randint(20, 10))     #该语句是错误语句，下限 a 必须小于上限 b
```

运行结果：

```
11
20
```

值得注意的是：randint()和 uniform()两者之间是有区别的，前者随机产生一个浮点数，后者随机产生一个整数。

➲ 4．random.randrange([start], stop[, step])

randrange([start], stop[, step])函数作用：返回指定递增区间中的一个随机数，按一定步长进行递增。其中，start 参数用于指定范围内的开始值，其包含在范围内；end 参数用于指定范围内的结束值，其不包含在范围内；step 表示递增步长，其默认值为 1。上述这些参数都必须为整数。

【例 4.16】 使用 random 模块下的 randrange()函数，随机产生一个 1～100 之间的奇数。
代码实现：

```
import random                    #引入 random 模块
print(random.randrange(1, 100, 2))    #生成一个随机数 N，N 在[1,3,5,7...99]内产生
```

运行结果：

```
51
```

randrange(1,100,2)有 3 个参数，第 1 个参数表示范围的开始，包括参数"1"；第 2 个参数表示范围的结束，但不包含"100"，只能取到 99 即止；第 3 个参数表示步长，即这个随机数取值范围为[1,3,5,7,…,99]。

➲ 5．random.choice(sequence)

choice(sequence)函数作用：从 sequence 中返回一个随机数，其中 sequence 参数可以是列表、元组或字符串（后续章节将会介绍到相关知识）。需要注意的是，若 sequence 为空，则会引发 IndexError 异常。

【例 4.17】 使用 random 模块下的 choice()函数，分别从列表、元组或字符串中随机选择一个数据输出。
代码实现：

```
import random                            #引入 random 模块
print( random.choice("学习  Python") )        #从字符串中随机选取一个字符
print( random.choice(["JGood", [0], "is", "a", [0], "handsome", "boy"]) )
#从列表中随机选取一个数据
print( random.choice(("Tuple", [0], "List", "Dict")) )
#从元组中随机选取一个数据
```

运行结果：

```
学

boy

Dict
```

➲ 6．random.shuffle（列表）

shuffle（列表）函数作用：用于将列表中的元素打乱顺序，俗称"洗牌"。

【例 4.18】 使用 random 模块下的 shuffle()函数，随机打乱给定列表中元素的顺序。
代码实现：

```
import random              #引入 random 模块
demo_list = ["Python", "is", "powerful", "simple", "and so on"]
#定义一个名为 demo_list 的列表
random.shuffle(demo_list)  #随机打乱列表的顺序
print(demo_list)
```

运行结果：

['is', 'and so on', 'simple', 'powerful', 'Python']

列表的详细讲解见第 5 章 5.1 节，读者先理解 shuffle()函数的作用即可。

 7．random.sample(squence, K)

sample(squence, K)函数作用：从指定序列（列表、元元、字符串）中随机抽取 K 个元素作为一个新的列表返回，且 sample()函数不会修改原有序列。

【例 4.19】　使用 random 模块下的 sample()函数，随机选取列表中的 3 个元素。

代码实现：

```
import random                          #引入 random 模块
list_num =[1, 2, 3, 4, 5, 6, 7, 8, 9, 10]   #定义列表
slice = random.sample(list_num, 3)     #随机在列表中选取 3 个元素
print(slice)                           #输出随机选取的元素
print(list_num)                        #检查原有的序列有没有发生改变
```

运行结果：

```
[7, 3, 5]
[1, 2, 3, 4, 5, 6, 7, 8, 9, 10]
```

知识点提示：

本节介绍的 7 个函数均是 random 模块下的函数，故在调用之前要先引入模块。若以 import random 方式引入模块，使用函数时需要以 "random.具体函数名()" 方式调用。

巩固提高

随机产生 1～10 之间的 10 个整数，并统计每个数字出现的次数。

4.2.3 巩固提高答案

4.3　模块

在 Python 中，模块只是一个由 Python 语句组成的文件，即以 ".py" 为后缀名的文件。它可以包含变量、类、函数和 Python 程序中可用到的其他任何元素。模块能够有逻辑地组织代码段，把相关的代码分配到一个模块里能让代码重复使用、更易懂。本节将通过讲解如何编写和使用自己的模块，从而加深对系统模块的认识。

 4.3.1　模块的创建与引用

下面通过一个例子来说明模块的建立与简单使用。

【例 4.20】　设计模块并引用。

第一步：设计一个程序 myModule1.py，其中包含自己定义的两个函数 myMax 和 myMin，代码如下：

```
def myMax(x,y):
    if x>y:
        t=x
    else:
        t=y
```

```
        return t

    def myMin(x,y):
        if x<y:
            t=x
        else:
            t=y
        return t
```

将这个程序保存到 D:\test1 目录下。

第二步：设计另外一个程序 test1.py，将其保存到相同的目录 D:\test1 下，在 test1.py 中引用 myModule1.py，代码实现如下：

```
import myModule1     #引入自定义的模块
min = myModule1.myMin(10,20)
max = myModule1.myMax(10,20)
print(min,max)
```

或者：

```
from myModule1 import myMin,myMax      #引入自定义的模块
min = myMin(10,20)
max = myMax(10,20)
print(min,max)
```

运行结果：

```
10 20
```

由此可见，程序是在 test1.py 中通过 import myModule1 语句引入了 myModule1 模块，因此在 test1.py 程序中可以使用 myModule1.py 中定义的 myMin 和 myMax 函数。

使用模块的过程中应注意如下几点。

（1）被引用的模块要放在与引用程序相同的目录下，或放在 Python 能找到的目录下。

（2）在引用自定义模块时不要加".py"，即不能写成 import myModule1.py。

（3）引用模块的函数时要写模块名称与函数名称，之间用"."连接，例如 myModule1.myMin(10,20)。

总之，通过模块可以把已经编写好的程序组织在一个个模块中，下次直接引用模块即可，而不用再重复、多次地编写函数。Python 系统已经编写了很多模块，如数学模块 math，引入 math 模块就可以使用现成的数学函数。

4.3.2 Python模块的位置

Python 模块是设计完成的 Python 程序，Python 中的模块一般放在安装目录的 lib 文件夹中。

【例 4.21】 设计一个求圆面积的模块，将其放在 lib 目录中并引用它。

第一步：设计一个程序 myMoudule2.py，它包含 myCir_area 函数，代码如下：

```
def   myCir_area(r):
    return 3.14*r*r
```

把这个程序保存到 Python 安装目录的 lib 文件夹中。

第二步：设计另外一个程序 test2.py，保存到 D:\test 目录下，在 test2.py 中引用 myMoudule2.py，

代码实现如下：

```
from myModule2 import myCir_area
cir1 = myCir_area(5)
cir2 = myCir_area(10)
print("圆 1 的面积= ",cir1)
print("圆 2 的面积= ",cir1)
```

运行结果：

```
圆 1 的面积= 78.5
圆 2 的面积= 314.0
```

注意，只要将自己定义的模块存放到了安装目录的 lib 文件夹中，另一程序无论放在哪个位置，均可以使用该模块完成相应的功能。

 巩固提高

设计一个 myMoudule.py 模块，里面包含求两个数较大值、求两个数较小值、求一个数的绝对值、求圆面积、求三角形面积的功能函数，将其放入 Python 安装目录的 lib 文件夹中，以方便使用。

4.3.2 巩固提高答案

4.4 常用的内置函数

4.4.1 常用数学函数

（1）max()函数：返回给定参数的最大值，参数可以为序列。例如：

```
print("max(10,20,30):" , max(10,20,30) )     #使用内置 max()函数求最大值
print("max(10,-2,3.4):" , max(10,-2,3.4) )
```

输出结果：

```
max(10,20,30): 30
max(10,-2,3.4): 10
```

（2）min()函数：返回给定参数的最小值，参数可以为序列。例如：

```
print("min(10,20,30):" , min(10,20,30) )     #使用内置 min()函数求最大值
print("min(10,-2,3.4):" , min(10,-2,3.4) )
```

输出结果：

```
min(10,20,30): 10
min(10,-2,3.4): -2
```

（3）abs()函数：返回数字的绝对值。例如：

```
print( abs(-45) )             #使用内置 abs()函数返回该数的绝对值
print("abs(0.2):",abs(0.2))
```

输出结果：

```
45
abs(0.2): 0.2
```

（4）pow()函数：返回 x 的 y 次幂的值。注意：pow()通过内置的函数直接调用，内置函数会把参数作为整型，而 math 模块中的 pow()则会把参数转换为浮点型。例如：

```
print( pow(2,2) )             #通过内置的 pow()函数实现 x^y
```

```
print( pow(2,-2) )
```

输出结果：

```
4
0.25
```

（5）sorted()函数：对所有可迭代的对象进行排序（默认升序）操作。例如：

```
print(sorted([1,2,5,30,4,22]))    #对列表进行排序
```

输出结果：

```
[1, 2, 4, 5, 22, 30]
```

（6）divmod()函数：把除数和余数运算结果结合起来，返回一个包含商和余数的元组（商 x，余数 y）。例如：

```
print( divmod(5,2) )
print( divmod(5,1) )
print( divmod(5,3) )
```

输出结果：

```
(2, 1)
(5, 0)
(1, 2)
```

（7）len()函数：返回对象（字符、列表、元组等）的长度或元素个数。例如：

```
print(len('1234'))                #字符串，返回字符长度
print(len(['1234','asd',1]))      #列表，返回元素个数
print(len((1,2,3,4,50)))          #元组，返回元素个数
```

输出结果：

```
4
3
5
```

若输入如下代码：

```
print(len(12))
```

输出结果：

```
TypeError: object of type 'int' has no len()
```

由输出结果可以看到，出现了报错信息。注意：整数类型不适用该函数，否则报错。

4.4.2 类型转换函数

（1）bin()函数：用于将一个整数转换为二进制数，以 0b 开头。例如：

```
print( bin(1) )
print( bin(55) )
```

输出结果：

```
0b1
0b110111
```

（2）oct()函数：用于将一个整数转换成八进制数，以 0o 开头。例如：

```
print( oct(10) )
print( oct(255) )
```

输出结果：

```
0o12
```

0o377

（3）hex()函数：用于将一个整数转换为十六进制数，返回一个字符串，以 0x 开头。例如：

```
print(hex(1))
print(hex(-256))
```

输出结果：

```
0x1
-0x100
```

注意，以上 3 个函数的参数必为整数。

（4）int()函数：用于将浮点数和字符串转换成整数。例如：

```
x = int("123")
y = int(123.4)
print(x,y)
```

输出结果：

```
123
123
```

（5）float()函数：用于将整数和字符串转换成浮点数。例如：

```
print(float(1))
print(float(0.1))
print(float('123'))
```

输出结果：

```
1.0
0.1
123.0
```

（6）str()函数：用于将浮点数和整数转换成字符串。例如：

```
x = str(123)
y = str(123.4)
print(x,y)
```

输出结果：

```
123
123.4
```

（7）tuple()函数：将列表转换为元组。注意：元组与列表是非常类似的，区别在于元组的元素值不能修改，元组是放在括号中的，而列表是放于方括号中的，后续章节将会详细讲解。例如：

```
print( tuple([1, 2, 3]) )
```

输出结果：

```
(1,2,3)
```

（8）list()方法：用于将元组转换为列表。例如：

```
print( list((1,2,3)))
```

输出结果：

```
[1, 2, 3]
```

（9）chr()函数：以一个整数（Unicode 编码值）作为参数，返回一个该 Unicode 编码值所对应的字符。例如：

```
print( chr(98) )            #把数字 98 在 Unicode 编码中对应的字符打印出来
```

输出结果：

b

（10）ord()函数：chr()的配对函数，它以一个字符（长度为 1 的字符串）作为参数，返回对应的 Unicode 数值，如果所给的 Unicode 字符超出了定义范围，则会引发一个 TypeError 的异常。例如：

```
print( ord('b') )          #把字符 b 作为参数在 Unicode 编码中对应的字符打印出来
print( ord('%') )
```

输出结果：

98

37

（11）bool()函数：用于将给定参数转换为布尔类型，如果参数不为空或不为 0，返回 True；参数为 0 或没有参数，返回 False。例如：

```
print( bool(10) )
print( bool(50) )
print( bool(0) )
print( bool() )
```

输出结果：

True

True

False

False

4.4.3　类型判断函数

（1）type()函数：返回参数的数据类型。例如：

```
print( type(1) )                    #返回参数"1"的数据类型
print( type("123") )
print( type([123,456]) )
print( type( (123,456) ) )
print( type({'a':1,'b':2}) )
```

输出结果：

```
<class 'int'>
<class 'str'>
<class 'list'>
<class 'tuple'>
<class 'dict'>
```

（2）isinstance()函数：判断一个对象是否为一个已知的类型，返回布尔值。例如：

```
a = 2
print( isinstance(a,int) )          #判断 a 是否为 int 类型，是返回 True
print( isinstance(a,str) )          #判断 a 是否为 str 类型，否返回 False
```

输出结果：

True

False

4.4.4　其他函数

（1）input()函数：用于接收一个标准输入数据，返回值为 string 类型，是最常用的函数之一。在 Python 3.x 版本中将 raw_input()和 input()进行了整合，仅保留了 input( )函数。例如：

```
a = '123456'
b = input("username:")
if b == a :            #如果 b 的输入数据等于 a 存储的数据，则打印"right"
    print("right")
else:                  #否则打印"wrong"
    print("wrong")
```

输入：123456。

输出结果：

```
username:123456
right
```

（2）print()函数：用于打印输出，也是最为常用的一个函数。print()在 Python 3.x 版本中是一个函数，但在 Python 2.x 版本中只是一个关键字。例如：

```
print( abs(-45) )
print("Hello World!")
```

输出结果：

```
45
Hello World!
```

（3）eval()函数：用于执行一个字符串表达式，并返回表达式的值，在有些场合用于实现类型转换的功能。

功能一：执行一个字符串表达式，并返回表达式的值。例如：

```
print(eval('3 * 2'))            #计算字符串里面表达式的值，即 3*2=6
```

输出结果：

```
6
```

功能二：实现类型转换的功能，也称为评估函数，根据数据本身的样式来判断其数据类型。例如：

```
t = input("t=")
print(type(t))
t1 = eval(t)
print(type(t1))
```

输入：t=6。

输出结果：

```
<class 'str'>
<class 'int'>
```

分析结果，input()函数输入的值，系统默认为字符串类型，故第一次打印输出的为"str"类型，通过 eval()评估之后，把 6 看作整型来处理，故第二次打印输出的为"int"类型。

（4）id()函数：用于获取对象的内存地址。例如：

```
a = "123"
print(id(a))
```

输出结果：

3181683178160

4.5 素质拓展

在全国计算机二级等级考试"Python 语言程序设计"考试中，程序控制结构部分明确指出要求掌握如下内容。

➤ 函数的定义和使用。

➤ 函数的参数传递：可选参数传递、参数名称传递、函数的返回值。

➤ 常见内置函数的使用。

【拓展训练】

➡ **一、选择题**

4.5 拓展训练答案

1. 以下关于 Python 函数使用的描述，错误的是（　　　）。

　　A. 函数定义是使用函数的第一步

　　B. 函数被调用后才能执行

　　C. 函数执行结束后，程序执行流程会自动返回到函数被调用的语句之后

　　D. Python 程序里一定要有一个主函数

2. 关于 Python 函数，以下选项中描述错误的是（　　　）。

　　A. 函数是一段可重用的语句组

　　B. 函数通过函数名进行调用

　　C. 每次使用函数需要提供相同的参数作为输入

　　D. 函数是一段具有特定功能的语句组

3. 以下关于函数参数和返回值的描述，正确的是（　　　）。

　　A. 采用名称传参的时候，实参的顺序需要和形参的顺序一致

　　B. 可选参数传递指的是没有传入对应参数值的时候，就不使用该参数

　　C. 函数能同时返回多个参数值，需要形成一个列表来返回

　　D. Python 支持按照位置传参，也支持名称传参，但不支持地址传参

4. 以下程序的输出结果是（　　　）。

```
def calu(x = 3, y = 2, z = 10):
return(x ** y * z)


h = 2
w = 3
print(calu(h,w))
```

　　A. 90　　　　　　　　B. 70　　　　　　　　C. 60　　　　　　　　D. 80

5. 以下程序的输出结果是（　　　）。

```
img1 = [12,34,56,78]
img2 = [1,2,3,4,5]
def displ():
```

```
    print(img1)
def modi():
    img1 = img2


modi()
displ()
```

    A．[1,2,3,4,5]   B．([12, 34, 56, 78])

    C．([1,2,3,4,5])   D．[12, 34, 56, 78]

6．执行以下代码，运行错误的是（　　　）。

```
def fun(x,y="Name",z = "No"):pass
```

    A．fun(1,2,3)   B．fun(1,,3)   C．fun(1)   D．fun(1,2)

7．执行以下代码，运行结果的是（　　　）。

```
def split(s):
    return s.split("a")
s = "Happy birthday to you!"
print(split(s))
```

    A．['H', 'ppy birthd', 'y to you!']   B．"Happy birthday to you!"

    C．运行出错   D．['Happy', 'birthday', 'to', 'you!']

二、编程题

1．实现 isNum()函数，参数作为一个字符串，如果这个字符串属于整数、浮点数或复数的表示，则返回 True，否则返回 False。

2．编写一个函数，计算传入字符串中的数字、字母、空格及其他字符的个数。

3．编写一个函数，打印 200 以内的所有素数，以空格分隔。

第5章 数据结构

数据结构是通过某种方式（如对元素进行编号）组织在一起的数据元素的集合。在Python中，最基本的数据结构是序列（Sequence），序列中的每个元素被分配一个序列号，序列号即元素的位置，因此序列也被称为索引。

Python中常用的序列结构有列表、元组、字典、集合和字符串等。从是否有序的角度，将序列分为有序序列和无序序列，列表、元组、字符串属于有序序列，字典和集合则属于无序序列。从是否可变的角度，将序列分为可变序列和不可变序列两大类，列表、字典和集合属于可变序列，元组和字符串属于不可变序列，如图5-1所示。列表、元组和字符串等有序序列均支持双向索引，第一个元素下标为0，第二个元素下标为1，以此类推；若以负整数作为索引，则最后一个下标为-1，倒数第二个下标为-2，以此类推。可以使用负整数作为索引是Python有序序列的一大特色。熟练掌握和运用序列可以大幅度提高开发效率。

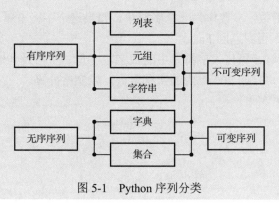

图 5-1　Python 序列分类

学习目标

- 了解 Python 的数据结构。
- 掌握列表的创建与删除、列表元素的访问。
- 熟练运用列表操作符及内置函数。
- 掌握元组的创建与元组元素的访问。
- 熟练运用元组的内置函数。
- 掌握字典的创建与删除。
- 掌握字典元素的访问、添加、修改与删除。
- 掌握集合的定义与基本操作。
- 熟练运用集合的内置函数。

5.1 列表

Python 中的列表和 C 语言中的数组比较相似，对于 Python 中列表的定义可以直接用方括号里加所包含对象的方法，并且 Python 的列表是比较强大的，它包含了很多不同类型的数据元素，如整型、浮点型、字符串及对象等。只有一对方括号而没有包含任何对象的列表则称为空列表。

5.1.1 列表创建

在 Python 中，创建一个列表并赋值非常简单。列表元素用方括号 [ ] 括起来，元素之间用英文逗号分隔。例如：

```
list1 = [1, 2, 3, 4, 5]
list2 = ["a", "b", "c", "d"]
list3 = ['Chongqing', 'City', 1997, 2020]
list4 = [ ]                    #创建空列表
```

另外，可以使用 list()函数将其他序列转换为列表。例如：

```
list5 = list()                 #创建空列表
list6 = list (' hello world' )  #将字符串转换为列表
list7 = list ( range ( 1 , 10 ) )   #将 range 对象转换为列表
```

当一个列表不再使用时，可以使用 del 命令将其删除。例如：

```
del list7
del list6
```

列表推导式是 Python 创建列表的一种快捷方式，可以很方便地创建出一个列表。例如：

```
#得到 1～10 的平方组成的列表[1, 4, 9, 16, 25, 36, 49, 64, 81, 100]
l=[x**2 for x in range(1,11)]
#得到 1～10 中为偶数的平方组成的列表[4, 16, 36, 64, 100]
l=[x**2 for x in range(1,11) if x%2==0]
#得到多重嵌套中的数是 2 的倍数的平方组成的列表[4, 16, 36, 64, 100]
a=[[1,2,3],[4,5,6],[7,8,9],[10]]
l=[x**2 for i in a for x in i if x%2==0]
#得到多重嵌套的列表中一重嵌套中列表长度大于 1 的列表中，其数为 2 的倍数的平方组成的
#列表[4, 16, 36, 64]
a=[[1,2,3],[4,5,6],[7,8,9],[10]]
l=[x**2 for i in a if len(i)>1 for x in i if x%2==0]
```

注意：列表推导式的优点在于一行解决、方便，但是不易排错、不能超过三次循环。列表推导式不能解决所有列表的问题，无须刻意使用。

5.1.2 列表访问

如果要使用列表中的数据元素，可以直接使用下标索引访问列表中的单个数据元素，也可以使用截取运算符（切片）的方式访问子列表。

访问列表中的单个数据元素使用 list[index]格式，其中 list 是列表的变量名称，index 是要访问的列表下标索引，下标范围从 0 到列表长度减 1；列表还支持使用负整数作为下标，

如下标为-1 表示最后 1 个元素，下标为-2 表示倒数第 2 个元素，下标为-3 表示倒数第 3 个元素，以此类推。例如：

```
list2 = [ "a", "b", "c", "d" ]
print ( list2 [ 0 ],   list2 [ 1 ], list2 [ 2 ], list2 [ 3 ] )        #输出结果为 a b c d
print ( list2 [ -1 ], list2 [ -2 ], list2 [ -3 ], list2 [ -4 ] )     #输出结果为 d c b a
```

截取运算符（切片）使用 list [start:end:step]格式，其中 list 是列表的变量名称，start 是起始索引；end 是终止索引；step 是步长，隔几个元素取一次，步长是负数的话，从右往左开始取值。该运算符访问包括 start 在内到 end（不包括 end）范围内的列表元素（左闭右开区间），返回值仍是一个列表。例如：

```
list2 = [ "a", "b", "c", "d" ]
list2 [0:3])       #结果为['a', 'b', 'c']，表示取值第 0 到第 3 个元素，不包括第 3 个元素
list2 [0:1] )      #结果为['a']
list2 [:3]         #如果省略了起始索引下标，则默认是从起始元素开始的
list2 [-1]         #-1 代表最后一个元素的索引下标
list2 [1:]         #如果省略了终止索引下标，则默认取值到最后一个元素结束
list2 [:]          #如果省略了起始索引下标和终止索引下标，则代表取整个列表 list2
list2 [-4:-1:2]    #第二个冒号后面的值代表步长，隔几个元素取一次，步长是负数的话，
                   #从右往左开始取值。前面的例子中没有步长参数，默认步长为 1
list2 [::-1]       #将列表里的元素都取出来了，但是顺序是之前的倒过来，因为步长是负数
```

5.1.3 列表操作符

列表有一些非常常用的操作符，包括比较操作符、连接操作符、重复操作符和成员关系操作符等。

➔ 1. 比较操作符

Python 中列表的比较操作符有：>，大于；>=，大于或等于；<，小于；<=，小于或等于；==，相等；!=，不相等；is，是同一个对象；is not，不是同一个对象。

注意：相等和不相等比较的是列表对象的值，而不是 id（内存地址）；is 和 is not 比较是否是同一个列表对象，即比较的是对象的 id（内存地址）。

对列表中的元素进行比较时，第一个元素起决定作用，即如果列表中有一个元素，就直接比较；如果有多个元素，就只比较第 1 个元素的结果，并作为最终的结果，后面的元素不再进行比较。例如：

```
list1 = [123]
list2 = [234]
list2 > list1           #结果为 True
list1 = [520,123]
list2 = [456,321]
list2 > list1           #结果为 False
list2 != list1          #结果为 True
list2 is list1          #结果为 False
```

⬤ 2. 连接操作符

连接操作符"+"可以实现增加列表元素的目的，或者可以理解为列表的连接。例如：

```
list1 = [123,'456']
list1+[789]                #结果为[123, '456', 789]
list2 = [456,101]
list3=list1+list2          #列表 list3 的结果为[123,'456',456,101]
```

如果在列表自身的基础上进行元素的增加并赋值的话，建议使用复合赋值操作符"+="来实现。因为"+="在实现列表追加元素时属于原地操作，效率较高；而"+"运算后再赋值"="不属于原地操作，结果是返回新列表。例如：

```
list4 = [123,456]
print(id(list4))           #输出列表 list4 的内存地址
list4 = list4 + [111]
print(list4)               #列表 list4 的结果为[123, 456, 111]
print(id(list4))           #此时输出列表 list4 的内存地址与上面的内存地址不同
```

如果把上面的语句修改为：

```
list4 = [123,456]
print(id(list4))           #输出列表 list4 的内存地址
list4 += [111]
print(list4)               #列表 list4 的结果为[123, 456, 111]
print(id(list4))           #此时输出的列表 list4 的内存地址与上面的内存地址相同
```

注意："+"用于连接列表，不能连接不同的种类，如表达式"list3+'789'"，"+"左边为列表，右边为字符串，则会出现错误。

⬤ 3. 重复操作符

在 Python 中有个特殊的符号"*"，可以用作数值运算的乘法，也可以用作序列对象的重复操作符。需要注意的是，"*"重复出来的各序列对象具有同一个 id，也就是指向在内存中同一块地址。例如：

```
list1 = [123,'456']
list1*3                    #输出结果为[123, '456', 123, '456', 123, '456']
```

同理，与连接操作符"+"类似，如果对列表自身进行重复后并赋值的话，建议使用复合赋值操作符"*="来实现。因为"*="在实现列表追加元素时属于原地操作，效率较高；而"*"运算后再赋值"="不属于原地操作，结果是返回新列表。例如：

```
list2 = [456,101]
print(id(list2))           #输出列表 list2 的内存地址
list2 = list2*4
print(list2)               #列表 list2 的结果为[456, 101, 456, 101, 456, 101, 456, 101]
print(id(list2))           #此时输出列表 list2 的内存地址与上面的内存地址不同
```

如果把上面的语句修改为：

```
list2 = [456,101]
print(id(list2))           #输出列表 list2 的内存地址
list2 *= 4
print(list2)               #列表 list2 的结果为[456, 101, 456, 101, 456, 101, 456, 101]
print(id(list2))           #此时输出列表 list2 的内存地址与上面的内存地址不同
```

4．成员关系操作符

Python 的成员关系操作符 in 可以判断一个元素是否在某一个列表中，not in 可以判断一个元素是否不在某一个列表中。例如：

```
3 in [1,2,3]          #结果为 True
1 not in [1,2,3]      #结果为 False
4 in [1,2,3]          #结果为 False
```

5.1.4　列表内置函数

Python 序列中的列表是最常用的数据类型，所以很多时候都需要对列表进行操作，最简单的方法就是直接使用内置函数来完成对列表的各种操作。

1．列表常用的内置函数

Python 中有一些常用的内置函数可以帮助列表进行快速有效的操作，如表 5-1 所示。

表 5-1　列表常用内置函数

内置函数	功　能	备　注
list( )	将元组、range( )等对象转换为列表	无参或 1 个参数
max( )	求列表元素的最大值	列表中的元素类型如果不一致，不能做比较
min( )	求列表元素的最小值	列表中的元素类型如果不一致，不能做比较
sum( )	求列表中数值型元素之和	当列表中所有元素类型均为数值型时才能进行求和
len( )	计算列表元素个数	不要求列表中的元素类型一致
sorted()	对列表中的元素进行排序	列表中的元素类型一致，才可以进行大小排序
reversed()	对列表中的元素进行反转	结果为一个对象，可通过 list( )函数转换为列表形式

（1）list( )函数。

```
list0 = list( )          #生成一个空列表 list0
```

（2）统计函数。

```
list1 = list(range ( 5 ))    #把 range 对象结果转换为列表 [ 0, 1, 2, 3, 4 ]
import random               #导入模块 random
random.shuffle( list1 )     #使用 shuffle 方法打乱列表 list1 中元素的顺序
max(list1)                  #结果得到列表 list1 中元素最大值为 4
min(list1)                  #结果得到列表 list1 中元素最小值为 0
sum(list1)                  #结果得到列表 list1 中元素总和为 10
len(list1)                  #结果得到列表 list1 中元素个数为 5
```

（3）排序函数。

```
list2 = [40, 36, 89, 2, 36]
sorted(list2)               #对列表 list2 进行升序排序，生成一个新列表，对原列表 list2 没有任何影响
sorted(list2,reverse=True)  #对 list2 进行降序排序，其中参数 reverse=True 表示降序
                            #reverse=False 表示升序（默认可以省略），生成一个新列表
list2 = [40, 36, 89, '2', 36]
list(reversed(list2))       #反转结果为[36, '2', 89, 36, 40]
```

```
list3 = ['cheng', 'zhao', 'liu','wang','an']
sorted(list3)          #对字符型数据进行排序，根据第一个字符的 ASCII 码大小升序排序
                       #（如果第一个字符相同，比较第二个字符，以此类推），结果生成
                       #一个新列表['an', 'cheng', 'liu', 'wang', 'zhao']
sorted(list3,key=len)  #对字符型数据按照字符串长度大小进行升序排序，结果生成一个新列表
                       # ['an', 'liu', 'zhao', 'wang', 'cheng']，其中参数 key=len 表示根据长度升序排序，
                       #如果没有这个参数，默认按照字符型数据的 ASCII 码大小升序排序
sorted(list3,key=len,reverse=True)  #对列表 list3 中的字符型数据按照字符串长度大小降序排序，结果
                       #生成一个新列表['cheng', 'zhao', 'wang', 'liu', 'an']
```

2．列表常用的方法

列表除了有自己的内置函数可以直接使用，同时作为一个对象，还有自己的方法可以使用，如表 5-2 所示。

表 5-2　列表常用方法

方　　法	功　　能	备　　注
append( )	在列表末尾增加一个元素	1 个参数
extend( )	在列表末尾增加一个序列，如列表	1 个参数
insert( )	在某个特定位置前面增加一个元素	两个参数
pop( )	将指定位置的元素取出来，并删除	无参或 1 个参数
remove( )	从列表中删除第一个与指定值相同的元素	1 个参数
clear( )	删除列表所有元素	无参
sort( )	对列表中的元素进行排序，原地排序	列表中的元素类型一致，才可以进行大小排序
reverse( )	对列表中元素进行反转，原地反转	不要求列表中的元素类型一致
count( )	统计某个元素在列表中出现的次数	不要求列表中的元素类型一致
index( )	从列表中找出某个值第一个匹配的索引位置，如果不在列表中则会报一个异常	不要求列表中的元素类型一致
copy( )	用于复制列表	结果为复制后的新列表

（1）增加列表元素。

```
list1 = list(range(4))
list1.append(4)         #列表 list1 增加元素后的结果为[0, 1, 2, 3, 4]
list1.append("Python")  #列表 list1 增加元素后的结果为[0, 1, 2, 3, 4, 'Python']
list1.extend([1,2])
print(list1)            #列表 list1 增加元素后的结果为[0, 1, 2, 3, 4, 'Python', 1, 2]
```

思考：

如果把 list1.append(4) 修改为 list1.extend([4])，结果是什么？

如果把 list1.append("Python") 修改为 list1.extend("Python")，结果是什么？

如果把 list1.extend([1,2]) 修改为 list1.extend(1)，结果是什么？

```
list1 = list(range ( 5 ))   #列表 list1 的元素为[0, 1, 2, 3, 4]
list1.insert(1,4)           #在列表 list1 的第 1 个位置插入一个元素 4
print(list1)                #列表 list1 的结果为[0, 4, 1, 2, 3, 4]
```

（2）删除列表元素。

```
list2 = [40, 36, 89, 2, 36]
list2.pop(2)              #取出列表 list2 第 2 个位置的值 89，并删除
list2.pop( )             #无参数的时候默认取出最后一个位置的值 36，并删除
list2 = [40, 36, 89, 2, 36]
list2.remove( 36)        #删除列表 list2 第 1 个位置的值 36
list2 = [40, 36, 89, 2, 36]
list2.clear( )           #删除列表 list2 中的所有元素，此时 list2 为空列表
```

除了可以使用 pop()、remove()、clear()方法删除列表元素，还可以使用关键字 del 删除列表中指定的元素或直接将整个列表删除。

```
list2 = [40, 36, 89, 2, 36]
del list2[3]      #删除列表 list2 第 3 个位置的值 2
list2 = [40, 36, 89, 2, 36]
del list2[0:3]    #删除列表 list2 倒数第 2 个位置的值 2
list2 = [40, 36, 89, 2, 36]
del list2[0:3]    #删除列表 list2 第 0 到第 2 个位置的值 40、36、89
list2 = [40, 36, 89, 2, 36]
del list2         #删除列表 list2，此时 list2 不存在
```

（3）列表元素排序。

```
List2 = [40, 36, 89, 2, 36]
List2.reverse()   #对列表 list2 中的元素原地进行反转,输出结果也即 list2 列表中的元素为[36, 2, 89, 36,
                  #40]。此处注意：方法 reverse()与内置函数 reversed()的区别
list2 = [40, 36, 89, 2, 36]
list2.sort()      #对列表 list2 中的元素原地进行由小到大的升序排序，输出结果也即 list2 列表中的元
                  #素为[2, 36, 36, 40, 89]。此处注意：方法 sort( )与内置函数 sorted( )的区别
list2 = [40, 36, 89, 2, 36]
list2.sort(reverse=True)   #对列表 list2 中的元素原地进行由大到小的降序排序，输出结果也即 list2
                  #列表中的元素为[89, 40, 36, 26, 2]，其中参数 reverse=True 表示降序，
                  #reverse=False 表示升序（默认可以省略）
list3 = ['cheng', 'zhao', 'liu','wang','an']
list3.sort(list3)  #对字符型数据的列表原地根据第一个字符的 ASCII 码大小进行升序排序（如果第一
                  #个字符相同，则比较第二个字符，以此类推），输出结果也即 list3 列表中的元素为
                  # ['an', 'cheng', 'liu', 'wang', 'zhao']
list3.sort(key=len)   #对字符型数据的列表原地按照字符串长度大小进行升序排序，输出结果也即
                  #list3 列表中的元素为['an', 'liu', 'zhao', 'wang', 'cheng']，其中参数 key=len 表示
                  #根据长度升序排序。如果没有这个参数，则默认按照字符型数据的 ASCII 码
                  #大小升序排序
list3.sorted(key=len,reverse=True)    #对字符型数据的列表 list3 原地按照字符串长度大小进行降序
                  #排序，输出结果也即 list3 列表中的元素为['cheng', 'zhao', 'wang',
                  #'liu', 'an']
```

（4）列表元素统计。

```
list4 = [40, 36, 89, 2, 36, 3, 36]
list4.count(36)   #统计列表 list4 中的元素 36 的个数为 3
list4.index(36)   #从列表 list4 中找到第一个 36 的位置是 1
```

list4.index(36,2,6)	#从列表 list4 的第 2 个位置到第 6（但不包括 6）个位置找第一个 36，结果没找
	#到，抛出异常。其中参数 2 表示起始范围，可以省略，默认从第 0 个位置开始，
	#参数 6 表示终止范围，省略时，则默认为列表的长度
list4.copy( )	#复制后产生一个新列表[40, 36, 89, 2, 36, 3, 36]

巩固提高

1．简述列表的特点和应用情景。

2．定义列表 names=['lily','张三','里斯'] 和 ages=[12,34,56]，对它们进行遍历，按如下格式输出：

5.1 巩固提高答案

```
lily 12 student
张三  34 worker
里斯  56 teacher
```

5.2　元组

元组和列表类似，都是 Python 中的线性序列。唯一不同的是，Python 元组中的元素不能被修改，可以将元组看作是只能读取不能修改元素的列表。

5.2.1　元组创建

在 Python 中，创建一个元组与创建列表相似，不同的是元组元素用小括号()括起来，元素之间也是用英文逗号分隔的。例如：

```
tup1 = ( 1, 2, 3, 4, 5 )
tup2 = ( 50, )                      #元组中只包含一个元素时，需要在元素后面添加逗号
tup3 = ('Chongqing', 'City', 1997, 2020)
tup4 = ( )                          #创建空元组
```

另外，可以使用 tuple()函数将其他序列转换为元组。例如：

```
tup5 = tuple ( )                    #使用 tuple ( ) 函数创建空元组
tup6 = tuple ( 'hello world' )      #将字符串转换为元组
tup7 = tuple ( range ( 1, 10 ) )    #将 range 对象转换为元组
```

当一个元组不再使用时，可以使用 del 命令将其删除。例如：

```
del tup7
del tup6
```

5.2.2　元组内置函数

元组也是 Python 中一种常用的数据类型，与列表类似，不同之处在于元组的元素不能修改。因此，很多时候也是直接使用内置函数来完成对元组的各种操作的。

➡ 1．元组常用的内置函数

Python 中有一些常用的内置函数可以帮助元组进行快速有效的操作，如表 5-3 所示。

表 5-3　元组内置函数

内 置 函 数	功　　能	备　　注
max( )	求元组元素的最大值	元组中的元素类型如果不一致，不能做比较

续表

内置函数	功　能	备　注
min( )	求元组元素的最小值	元组中的元素类型如果不一致，不能做比较
sum( )	求元组中数值型元素之和	当元组中所有元素类型均为数值型时才能进行求和
len( )	计算元组元素个数	不要求元组中的元素类型一致
sorted()	对元组中的元素进行排序	结果产生一个新列表
reversed()	对元组中的元素进行反转	结果为一个对象，可通过 tuple( )函数转换为元组形式

（1）统计函数。

```
tup1 = tuple(range(5))        #把 range 对象结果转换为元组 [ 0, 1, 2, 3, 4 ]
max(tup1)                     #结果得到元组 tup1 中元素最大值为 4
min(tup1)                     #结果得到元组 tup1 中元素最小值为 0
sum(tup1)                     #结果得到元组 tup1 中元素总和为 10
len(tup1)                     #结果得到元组 tup1 中元素个数为 5
```

（2）排序函数。

```
tup2 = (40, 36, 89, 2, 36)
sorted ( tup2 )               #对元组 tup2 进行由小到大的升序排序
sorted (tup2,reverse=True)    #对元组 tup2 进行降序排序，生成一个新列表
tup2 = (40, 36, 89, '2', 36)
tuple(reversed(tup2))         #反转结果为(36, '2', 89, 36, 40)
tup3 = ('cheng', 'zhao', 'liu','wang','an')
sorted(tup3)                  #对字符型数据按照第一个字符的 ASCII 码大小进行升序排序
sorted(tup3,key=len)          #对字符型数据按照字符串长度大小进行升序排序
sorted(tup3,key=len,reverse=True)  #对元组 tup3 中的字符型数据按照字符串长度大小进行降序排序
```

➋ 2．元组常用的方法

Python 元组与列表一样，除了有自己的内置函数可以直接使用，同时作为一个对象，也有自己的方法可以使用，如表 5-4 所示。由于元组的元素不能修改，因此不支持 append( )、insert( )、extend( )、remove( )、pop( )、del( )、clear( )、sort( )、reverse( )等方法。

表5-4　元组常用方法

方　法	功　能	备　注
count( )	统计某个元素在列表中出现的次数	不要求列表中的元素类型一致
index( )	从列表中找出某个值第一个匹配的索引位置，如果不在列表中则会报一个异常	不要求列表中的元素类型一致

由于元组元素的不可修改性，所以不能对元组中的元素做删除操作，但可以使用关键字 del 直接将整个元组删除。例如：

```
del tup3                      #删掉整个元组，删掉后元组 tup3 不存在
tup4 = (40, 36, 89, 2, 36, 3, 36)
tup4.count(36)                #统计元组 tup4 中的元素 36 的个数为 3
tup4.index(36)                #从元组 tup4 找到第一个 36 的位置是 1
```

tup4.index(36,2,6)	#从元组 tup4 的第 2 个位置到第 6（但不包括 6）个位置找第一个 36，结果没找
	#到，抛出异常。其中参数 2 表示起始范围，可以省略，默认从第 0 个位置开始，
	#参数 6 表示终止范围，如省略，则默认为元组的长度

注意： 由于元组的特性，其元素本身及总长度是不可变的，而 copy 的目的往往都是为了对这个对象进行切片、添加等修改操作。因此，元组没有 copy( )这个方法。

5.2.3　元组与列表的区别

元组和列表同属序列类型，且都可以按照特定顺序存放一组数据，数据类型不受限制，只要是Python支持的数据类型都可以。元组和列表最大的区别是，列表中的元素可以进行任意修改；而元组中的元素无法修改，除非将元组整体替换掉。

由于元组和列表的差异性，势必会影响二者的存储方式，例如：

```
lst=[ ]
lst.__sizeof__()     #结果为 40
```

方法__sizeof__( )表示系统分配空间的大小，注意 sizeof 前后是两个下画线。

```
tup=( )
lst.__sizeof__()     #结果为 24
```

可以看到，对于列表和元组来说，虽然它们都是空的，但元组却比列表少占用 16 字节。由于列表是动态的，它需要存储指针来指向对应的元素（占用 8 字节）。另外，由于列表中元素可变，所以需要额外存储已经分配的长度大小（占用 8 字节）。但是对于元组，情况就不同了，元组长度大小固定，且存储元素不可变，所以存储空间也是固定的。另外，对于静态数据（如元组），如果不被使用并且占用空间不大时，Python 不会回收它们所占用的内存，而是暂时做一些资源缓存。当下次再创建同样大小的元组时，Python 就可以不用再向操作系统发出请求去寻找内存，而是可以直接分配之前缓存的内存空间了，这样就能大大加快程序的运行速度。因此，可以得出这样的结论，元组的性能速度要优于列表。

当然，如果想要增加、删减或改变元素，那么列表显然更优。因为对于元组来说，必须得通过新建一个元组来完成。

元组比列表的访问和处理速度更快，因此，当需要对指定元素进行访问，且不涉及修改元素的操作时，建议使用元组。

 **巩固提高**

1. 简述元组的特点。
2. 定义元组 t=(1,2,3,4,5)，对它进行遍历。

5.2 巩固提高答案

5.3　字典

字典也是Python提供的一种常用的数据结构，它用于存放具有映射关系的数据。比如有份成绩表数据，语文：75；数学：80；英语：93。这组数据看上去像两个列表，但这两个列表的元素之间有一定的关联关系。如果单纯使用两个列表来保存这组数据，则无法记录两组数据之间的关联关系。

为了保存具有映射关系的数据，Python 提供了字典，字典相当于保存了两组数据，其中一组数据是关键数据，被称为键（key），如"语文、数学、英语"等；另一组数据可通过键来访问，被称为值（value），如"75、80、93"等。

由于字典中键是非常关键的数据，而且程序需要通过键来访问值，因此字典中的键不允许重复，必须是唯一的，但值则不必唯一。值可以取任何数据类型，但键必须是不可变的，如字符串、数字或元组。

5.3.1 字典创建

在 Python 中，创建一个字典与创建列表、元组比较相似，不同的是字典元素用大括号 { } 括起来，元素之间也是用英文逗号分隔的。大括号中应包含多个键值对，键与值之间用英文冒号隔开；多个键值对之间用英文逗号隔开。例如：

```
scores = { '语文' : 75 ,  '数学' : 80 ,  '英语' : 93 }
empty_dict = { }          #创建一个空字典
```

另外，使用 dict ( )函数也可以创建一个空字典。例如：

```
empty_dict =dict( )       #创建一个空字典
```

与列表推导式类似，可以使用字典推导式创建一个新的字典。例如，把列表 course 和 score 形成一个新的字典 d。例如：

```
course=['语文','数学','英语']
score=[90,87,69]
d={course[i]:score[i] for i in range(len(course))}
#结果： {'语文': 90, '数学': 87, '英语': 69}
```

如果想把刚刚创建的字典 d 的键和值互换，也可以使用字典推导式来完成。例如：

```
newd={k:d[k] for k in d}
#结果： {'语文': 90, '数学': 87, '英语': 69}
newd={k:v for k,v in d.items()}
#结果： {'语文': 90, '数学': 87, '英语': 69}
```

5.3.2 字典访问

一般情况下，可以通过字典中的键来访问值。例如：

```
scores = { '语文' : 75 ,  '数学' : 80 ,  '英语' : 93 }
print(scores['语文'])        #结果为 75
```

如果要为字典添加键值对，只需为不存在的键赋值即可。例如：

```
scores['计算机'] = 95
print(scores)    #结果为 {'语文': 75, '数学': 80, '英语': 93, '计算机': 95}
```

如果要删除字典中的键值对，则可使用 del 语句。例如：

```
del scores['语文']
print(scores)   #结果为 {'数学': 80, '英语': 93, '计算机': 95}
```

如果对字典中存在的键值对赋值，新赋的值就会覆盖原有的值，这样即可改变字典中的键值对。例如：

```
scores['计算机'] = 59
print(scores)   #结果为 {'数学': 80, '英语': 93, '计算机': 59}
```

如果要判断字典中是否包含指定的键，则可以使用 in 或 not in 运算符。因此，对于字典而言，in 或 not in 运算符都是基于键来判断的。例如：

```
print('数学' in scores)   #结果为 True
```

print('化学' in scores)   #结果为 False

因此，字典的键是关键，相当于字典的索引，只不过这些索引不一定是整数类型，字典的键可以是任意不可变类型。字典相当于索引是任意不可变类型的列表，而列表则相当于键只能是整数的字典。如果程序中要使用的字典的键都是整数类型，则可考虑能否换成列表。另外，列表的索引总是从 0 开始、连续增大的，但字典的索引即使是整数类型，也不需要从 0 开始，而且不需要连续。所以列表不允许对不存在的索引赋值，但字典则允许直接对不存在的键赋值，可以为字典增加一个键值对。

5.3.3 字典内置函数和方法

1．字典内置函数

Python 字典常用的内置函数如表 5-5 所示。

表 5-5 字典内置函数

内 置 函 数	功　　能
len(字典名)	返回键的个数，即字典的长度
str(字典名)	将字典转化成字符串
type(字典名)	查看字典的类型

scores = { '语文' : 75 , '数学' : 80 , '英语' : 93 }
len(scores)   #结果为 3，即字典 scores 的长度为 3
str(scores)   #结果为 "{'语文': 75, '数学': 80, '英语': 93}"，即字典转化成字符串
type(scores)   #结果为 <class 'dict'>，即 scores 的类型为字典

2．字典内置方法

Python 字典常用的内置方法如表 5-6 所示。

表 5-6 字典内置方法

内 置 方 法	功　　能
clear( )	删除字典内所有的元素
copy( )	浅拷贝一个字典
fromkeys(seq[,value])	创建一个新字典，seq 作为键，value 为字典所有键的初始值（默认为 None）
get(key,default = None)	返回指定的键的值，如果键不存在，则返回 default 的值
items( )	返回键值对的可迭代对象，使用 list 可转换为[(键,值)]形式
keys( )	返回一个迭代器，可以使用 list()来转换为列表
setdefault(key,default = None)	如果键存在于字典中，则不修改键的值；如果键不存在于字典中，则设置为 default 值
update(字典对象)	将字典对象更新到字典中
values( )	返回一个可迭代对象，使用 list 转换为字典中值的列表
pop(key[,default])	删除字典中 key 的值，返回被删除的值。key 值如果不给出，则返回 default 的值
popitem( )	随机返回一个键值对（通常为最后一个），并删除最后一个键值对

```
scores = { '语文' : 75 ，  '数学' : 80 ，  '英语' : 93 }
scores.clear()
scores              #结果为 { }，即字典 scores 所有的元素都被删除了
scores = { '语文' : 75 ，  '数学' : 80 ，  '英语' : 93 }
scores_1=scores.copy()
scores_1      #结果为  {'数学': 80, '英语': 93, '语文': 75}
scores_2=scores.fromkeys('体育')
scores_2      #结果为  {'体': None, '育': None}
scores_3=scores.fromkeys('体育',1)
scores_3      #结果为  {'体': 1, '育': 1}
scores.get('语文')        #结果为 75
scores.get("体育",90)    #结果为 90
scores.items()            #结果为  dict_items([('语文', 75), ('数学', 80), ('英语', 93)])
list(scores.items())      #结果为  [('语文', 75), ('数学', 80), ('英语', 93)]
```

使用 items()方法可以遍历字典中的键值对，例如：

```
for k,v in scores.items():
    print(k,v)
scores.keys()                 #结果为  dict_keys(['语文', '数学', '英语'])
list(scores.keys())           #结果为  ['语文', '数学', '英语']
scores.setdefault('语文',100)
    print(scores)    #结果为  {'数学': 80, '英语': 93, '语文': 75}，因为存在 "语文" 键，所以值不被修改
scores.setdefault('音乐',100)
    print(scores)    #结果为  {'数学': 80, '英语': 93, '语文': 75, '音乐': 100}，增加了 "音乐': 100"，因为
                     #这里不存在 "音乐" 键
scores.setdefault('体育')
    print(scores)         #结果为  {'体育': None, '数学': 80, '英语': 93, '语文': 75}
scores.update({'计算机':99})
    print(scores)         #结果为  {'体育': None, '数学': 80, '英语': 93, '计算机': 99, '语文': 75}
scores.values()           #结果为 dict_values([75, 80, 93, None, 99])
list(scores.values())     #结果为  [75, 80, 93, None, 99]
scores.pop('体育')         #结果为 None（空）
    print(scores)         #结果为  { '数学': 80, '英语': 93, '计算机': 99, '语文': 75}
scores.pop('英语')         #结果为 93
scores.pop('计算机',80)    #结果为 99
```

 巩固提高

1. 简述字典的特点。
2. 利用字典实现将实数数字转换为相应的中文大写数字。

5.3 巩固提高答案

5.4 集合

在 Python 中，集合用于包含一组无序的对象。与列表和元组不同，集合是无序的，也无法通过数字进行索引。此外，集合中的元素不能重复。集合和字典类似，只是集合没有值，

相当于字典键的集合。

5.4.1　集合定义

在 Python 中，集合元素也是用大括号{ }括起来的，元素之间也用英文逗号分隔。但如果大括号里面为空，则是字典类型。如果要定义一个空集合，可以使用集合的内置函数 set()。例如：

```
s={}                    #定义空字典
s=set()                 #定义空集合方法
s={1,2,3,4,5}           #定义非空集合
s=set([1,2,3,4])        #定义非空集合
```

与列表推导式、字典推导式类似，也可以用集合推导式生成一个新的集合。例如：

```
l=[1,2,3,4,3,2,1]
s=set(l)
print(s)
#结果为：{1, 2, 3, 4}
```

因此，可以看到，集合具有去重功能。

5.4.2　集合基本操作

➜ 1．添加集合

集合的添加有两种方式，分别是 add()和 update()方法。

add()方法把要传入的元素作为一个整体添加到集合中，例如：

```
s={0,1,2}
s.add('345')
print(s)
#结果为：{0, 1, 2, '345'}
```

update()方法把要传入的元素拆分成单个字符，存于集合中，并去掉重复的字符。可以一次添加多个值，例如：

```
s=set('012')
print(s)
s.update('345')
print(s)
#结果为：
{'0', '1', '2'}
{'2', '4', '3', '1', '0', '5'}
```

➜ 2．删除集合

删除集合的方法跟列表是一样的，使用的也是 remove()、discard()、pop()、clear()方法。例如：

```
s=set('012')
print(s)
s.remove('0')
print(s)
```

```
#结果为:
{'1', '2', '0'}
{'1', '2'}
```

使用 discard()方法时，如果要删除的元素在集合中存在则删除，如果在集合中不存在，则什么也不做。而对于 remove()方法却不然，如图 5-2 所示。

```
set0=set('one')
print(set0)
set0.discard('d')
print(set0)
```

```
{'e', 'n', 'o'}
{'e', 'n', 'o'}
```

```
set0=set('one')
print(set0)
set0.remove('d')
print(set0)
```

```
{'e', 'n', 'o'}
```

```
KeyError                          Traceback (most recent call last)
<ipython-input-22-34abab8c2359> in <module>()
      1 set0=set('one')
      2 print(set0)
----> 3 set0.remove('d')
      4 print(set0)

KeyError: 'd'
```

图 5-2　remove()和 discard()方法对比图

pop()方法删除并返回集合中的一个不确定的元素，如果为空，则会引发 KeyError 错误，如图 5-3 所示。

```
set0=set( )
print(set0)
set0.pop()
print(set0)
```

```
set()
```

```
KeyError                          Traceback (most recent call last)
<ipython-input-30-16698124be4d> in <module>()
      1 set0=set( )
      2 print(set0)
----> 3 set0.pop()
      4 print(set0)

KeyError: 'pop from an empty set'
```

图 5-3　pop()方法删除的报错图

clear()方法用于清空集合中的所有元素。

3. 遍历集合

由于集合是无序的，所以无法通过索引来访问集合中的元素，但是可以使用 for 循环遍历集合中的元素，或者使用 in 关键字查询集合中是否存在指定值。例如：

```
s= {1,2,3,4,5}
for i in s:
    print(i,end='\t')
```

```
#结果为：1      2      3      4      5
print(3 in s)
#结果为：True
```

5.4.3　集合操作符

由于集合中的元素不能多次出现，这使得集合在很大程度上能够高效地从列表或元组中删除重复值，并执行取并集、交集等常见操作。

1．交集

在 Python 中求集合的交集使用的符号是"&"，返回两个集合的共同元素的集合，即集合的交集。

假设某公司有 5 个人喜欢打篮球，5 个人喜欢踢足球，请问既踢足球又打篮球的人都有哪些？代码如下：

```
p_basketball= {'a','b','c','f','g'}
p_football= {'a','c','k','r','t'}
print(p_basketball&p_football)
#结果为：{'c', 'a'}
```

2．并集（合集）

在 Python 中求集合的并集用的符号是"|"，返回两个集合所有的去掉重复的元素的集合。例如，踢足球和打篮球的人有哪些？代码如下：

```
p_basketball= {'a','b','c','f','g'}
p_football= {'a','c','k','r','t'}
print(p_basketball | p_football)
#结果为：{'t', 'r', 'k', 'f', 'b', 'c', 'g', 'a'}
```

3．差集

在 Python 中求集合差集使用的符号是"−"，返回的结果是在集合 1 中但不在集合 2 中的元素的集合。例如，打篮球不踢足球的人有哪些？代码如下：

```
p_basketball= {'a','b','c','f','g'}
p_football= {'a','c','k','r','t'}
print(p_basketball−p_football)
#结果为：{'g', 'f', 'b'}
```

求集合的差集还可以使用 difference()方法，用来查看两个集合的不同之处，等价于差集。例如：

```
p_basketball= {'a','b','c','f','g'}
p_football= {'a','c','k','r','t'}
print(p_basketball.difference(p_football))
#结果为：{'f', 'b', 'g'}
```

4．对称差集

在 Python 中求集合的对称差集使用的符号是"^"，返回的结果是两个集合的非共同元素。例如，在打篮球和踢足球的人中，只喜欢一项的人有哪些？代码如下：

```
p_basketball= {'a','b','c','f','g'}
```

```
p_football= {'a','c','k','r','t'}
print(p_basketball ^ p_football)
#结果为：{'k', 'g', 'r', 'f', 't', 'b'}
```

求集合的对称差集还可以使用 symmetric_difference()方法，用来查看两个集合的非共同元素，等价于对称差集。例如：

```
p_basketball= {'a','b','c','f','g'}
p_football= {'a','c','k','r','t'}
print(p_basketball. symmetric_difference(p_football))
#结果为：{'k', 'g', 'r', 'f', 't', 'b'}
```

5. 集合的范围判断

可以使用大于（>）、小于（<）、大于等于（>=）、小于等于（<=）、等于（==）、不等于（!=）来判断某个集合是否完全包含于另一个集合。例如：

```
a= {'a','b','c'}
b= {'a','c'}
print(a>b)
print(a>=b)
print(a==b)
#结果为：
True
True
False
```

5.5 素质拓展

在全国计算机等级考试二级"Python 语言程序设计"考试中，数据结构部分明确指出要求掌握如下内容：

➢ 列表类型：定义、索引、切片。
➢ 列表类型的操作：列表的操作函数、列表的操作方法。
➢ 字典类型：定义、索引。
➢ 字典类型的操作：字典的操作函数、字典的操作方法。

【拓展训练】

5.5 拓展训练答案

一、填空题

1. 表达式[1, 2, 3]*3 的值为_____。

2. 表达式[3] in [1, 2, 3, 4]的值为_____。

3. 列表对象的 sort()方法用来对列表元素进行原地排序，该函数返回值为_____。

4. 假设列表对象 aList 的值为[3, 4, 5, 6, 7, 9, 11, 13, 15, 17]，那么切片 aList[3:7]得到的值为_____。

5. 使用列表推导式生成包含 10 个数字 5 的列表，语句可以写为_____。

6．切片操作 list(range(6))[::2]的运行结果为_____。

7．列表、元组、字符串是 Python 的_____（有序？无序？）序列。

8．语句 sorted([1, 2, 3], reverse=True) == reversed([1, 2, 3])的运行结果为_____。

9．字典对象的_____方法返回字典的键列表。

10．字典对象的_____方法返回字典的值列表。

二、程序题

1．写出下面代码的运行结果。

```
def Join(List, sep=None):
    return (sep or ',').join(List)
print(Join(['a', 'b', 'c']))
print(Join(['a', 'b', 'c'],':'))
```

2．编写程序，生成一个包含 20 个随机整数的列表，然后对其中偶数下标的元素进行降序排列，奇数下标的元素不变。（提示：使用切片。）

第6章 字符串

字符串作为一类非常常见的数据类型，在计算机信息处理中占有非常重要的地位，不管是我们常见的各类文档，还是互联网上的各式页面，都包含大量的文字信息，它们都以字符串的形式存在于计算机中。因此几乎所有的程序都会涉及字符串处理，不管是解析数据还是产生输出。掌握字符串的各种常见操作是软件开发人员必备的技能。在 Python 中，大部分的字符串处理问题都能简单地调用字符串的内置方法来完成，如提取字符串、搜索、替换及解析等。一些较为复杂的字符串处理任务可能需要使用到正则表达式这类工具。本章将学习在 Python 编程中，字符串处理的常见操作，如切片、内置方法、正则表达式等。

学习目标

- 掌握 Python 字符串的基本操作。
- 掌握 Python 字符串的常用函数。
- 掌握 Python 字符串的格式化方法。
- 能熟练使用 Python 提供的各类字符串函数完成常见的字符串处理任务。
- 了解正则表达式的概念。
- 能使用简单的正则表达式完成较复杂的字符串处理任务。

6.1 字符串

字符串是 Python 中最常用的数据类型。要掌握字符串的操作，最好的方式是理解字符串在 Python 中是如何使用的，并且了解 Python 中关于字符串的一些细节知识，知道有哪些定义方式、有哪些字符串类型、有哪些字符串对象的基本操作等。

6.1.1 字符串定义

我们在第 2 章中简单地介绍了如何在 Python 中使用字符串，知道在 Python 中可以使用引号（'、"、"'或"""）来创建字符串。

【例 6.1】 代码展示：

```
Str1 ='单引号字符串'          #使用单引号创建字符串
Str2 ="双引号字符串"          #使用双引号创建字符串
Str3 ="""三引号字符串"""      #使用三个双引号创建字符串，也可以使用三个单引号
Str4 =""                     #空字符串，可以使用单、双、三引号
print(Str1)                  #输出字符串
print(Str2)                  #输出字符串
```

```
print(Str3)                          #输出字符串
print(Str4)                          #输出字符串
```

运行结果：

```
单引号字符串
双引号字符串
三引号字符串
```

这意味着一旦创造了一个字符串，就不能再改变它了。当我们为字符串赋值的时候，实际上是让变量指向新创建的一个字符串，如图 6-1 所示。

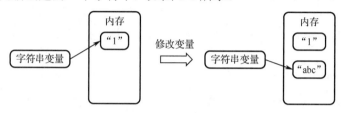

图 6-1　字符串赋值

多数语言只使用一种方式来定义字符串，为何 Python 需要同时支持单引号、双引号和三引号呢？因为在有些情况下，就可能会这样用。

【例 6.2】　代码展示：

```
print('Let's start with Python')
print("他在说:"Hi!""")
```

运行结果：

```
SyntaxError: invalid syntax
SyntaxError: invalid syntax
```

在上述代码中，第一个字符串包含一个单引号，因此不能用单引号将整个字符串括起来。Python 会认为字符串是'Let'，而后边的内容 "s start with Python'" 由于不符合 Python 的语法规则，因此 Python 不知道如何处理后面的部分，只能抛出一个语法错误异常。

第二个字符串包含双引号，原因和前面第一个字符串一样，Python 也不知道如何处理，只能抛出语法错误异常，如图 6-2 所示。

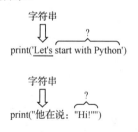

图 6-2　例 6.2 分析

为了解决上述问题，一种方便的解决方式就是如果在字符串中需要使用某种引号时，字符串的界定符就使用另一种符号。

【例 6.3】　代码展示：

```
print("Let's start with Python")
print('他在说:"Hi!"')
print("""她在说:"Let's start with Python!""")      #注意这里界定符使用的是三引号
```

运行结果：

```
Let's start with Python
他在说:"Hi!"
她在说:"Let's start with Python!"
```

实际上，这样做只是出于方便考虑，并非必须这样做。更为通用的方式是使用反斜杠（\）对引号进行转义。

【例 6.4】 代码展示：

```
print('Let\'s start with Python')
print("他在说:\"Hi!\"")
print("她在说:\"Let's start with Python!\" ")    #反斜杠（\）中间的单引号不用转义
```

运行结果：

```
Let's start with Python
他在说:"Hi!"
她在说:"Let's start with Python!"
```

这样 Python 就明白中间的引号是字符串的一部分，而不是字符串结束的标志。像这样对引号进行转义很有用，且在有些情况下必须这样做。例如，例 6.4 中第 3 行代码中字符串同时包含单引号和双引号，当然我们可以用三引号界定符，但是终究会出现需要使用三引号的情况，如果不使用反斜杠进行转义，该如何办呢？

除了可以使用反斜杠（\）对单引号或双引号进行转义，在需要定义多行字符串时，也需要用到换行转义字符（\n）。请看下面的例子。

【例 6.5】 代码展示：

```
Str1 ='使用换行转义字符\n 第二行继续显示字符串'
print(Str1)                    #输出字符串
```

运行结果：

```
使用换行转义字符
第二行继续显示字符串
```

在这里，字符串在我们使用换行转义字符（\n）的地方分行显示了。当然我们也会有和这个相反的需求。

如果仅仅是想在定义时多行显示字符串，但是并不希望字符串真的换行时应该怎么做呢？这个需求是真实存在的，比如字符串比较长，超过代码编辑器的宽度又不想拖动水平拖动条；又或者为了代码能清晰显示，对一些比较长的字符串进行格式化工作。这种情况下，可以在字符串需要换行显示的地方使用一个单独的反斜杠（\）。请看下面的例子。

【例 6.6】 代码展示：

```
Str1 ='在 Python 中字符串有非常多的类型，\
现在我们看到的只是字符串中使用最多的一种类型。\
此外，还有原始字符串、字节字符串、Unicode 编码字符串等类型。'
print(Str1)                    #输出字符串
```

运行结果：

```
在 Python 中字符串有非常多的类型，现在我们看到的只是字符串中使用最多的一种类型。此外，还有
原始字符串、字节字符串、Unicode 编码字符串等类型。
```

【例 6.7】 需要显示一个 Windows 下的文件路径。

代码展示：

```
Str1 = 'C:\tools\notebooktools\python.exe'
print(Str1)      #输出字符串
```

运行结果：

```
C:    ools

otebooktools\python.exe
```

这里显示的结果和我们的期望有出入，这是因为反斜杠（\）和后边的字符组成了新的转义字符，如图 6-3 所示。

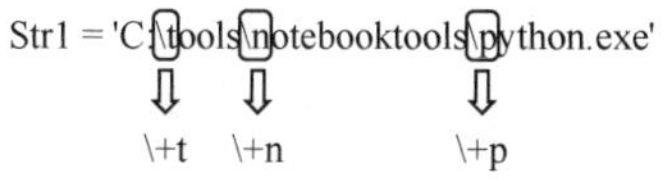

Str1 = 'C:\tools\notebooktools\python.exe'

\+t \+n   \+p

图 6-3　例 6.7 分析

这些转义可能是有意义的，也有可能是无意义的。那么如何控制什么时候转义？什么时候不转义呢？当我们不希望进行转义时，可以在反斜杠（\）的前面再加一个反斜杠（\），形成双反斜杠（\\），双反斜杠的作用就是将反斜杠（\）转义为反斜杠（\），这样就能变相地控制转义字符了。请看下面的例子。

【例 6.8】　正确地显示 Windows 下的文件路径。

代码展示：

```
Str1 = 'C:\\tools\\notebooktools\\python.exe'
print(Str1) #输出字符串
```

运行结果：

```
C:\tools\notebooktools\python.exe
```

在 Python 中，字符串支持很多不同的转义字符，具体如表 6-1 所示。

表 6-1　转义字符表

转 义 字 符	描 述
\	在行尾时为续行符
\\	反斜杠符号，在字符串中需要使用到反斜杠（\）时，需要在反斜杠前面再加一个反斜杠。这是因为反斜杠会和后面的符号结合为转义符，为了使用反斜杠自身，我们需要在反斜杠前面再多加一个反斜杠
\'	单引号，如果使用单引号来定义字符串，但是又需要在字符串中使用单引号，这时就需要对单引号进行转义
\"	双引号，同上
\b	退格（Backspace）
\a	响铃
\n	换行
\v	纵向制表符
\t	横向制表符
\r	回车

如果在字符串中需要很多的反斜杠（\），若还使用双反斜杠（\）的方式，那么不管是写起来，还是看起来都会比较麻烦。如果考虑到未来对代码的维护，显然双反斜杠（\）不是

一个好的选择。幸运的是，Python 中提供了一种便捷的解决方式，就是使用原始字符串。

所谓原始字符串就是不以特殊方式处理反斜杠，因此在需要反斜杠（\）的那些情况下就很有用。它的用法也非常简单，就是在定义字符串的引号前加字母 r，大小写均可。

【例 6.9】 使用原始字符串显示 Windows 下的文件路径。

代码展示：

```
Str1 = r'C:\tools\notebooktools\python.exe'
print(Str1)          #输出字符串
```

运行结果：

```
C:\tools\notebooktools\python.exe
```

在这样的情况下，原始字符串可派上用场，因为它们根本不会对反斜杠做特殊处理，而是让字符串包含的每个字符都保持原样。

在 Python 中有普通字符串、原始字符串，此外还有字节字符串。字节字符串一般作为字节流使用，主要出现在需要将数据转换为二进制流时使用，如将数据保存为二进制文件、网络传输二进制数据等情况。普通字符串和字节字符串之间可以相互转换。

定义字节字符串时只需要在字符串的第一个引号前面加字母 b 即可，大小写均可。

【例 6.10】 定义字节字符串。

代码展示：

```
Str1 = b'\0x0\0x1\0x2\0x3'
print(Str1)          #输出字符串
```

运行结果：

```
b'\x00x0\x00x1\x00x2\x00x3'
```

在 Python 中，字节字符串与普通字符串有以下几点不同。

（1）字节字符串中数值 0 作为有效数据，但是在普通字符串中数值 0（也就是\0）表示字符串的结尾，并不作为字符串的一部分。

（2）字节字符串中数据以字节（8 位二进制）为单位，取值范围为 0～255。

（3）普通字符串以字符为单位，每个字符占 1 至 4 字节，数字和英文字母占 1 字节，汉字占 3 至 4 字节。

虽然字节字符串与普通字符串有所不同，但是它们之间也是可以相互转换的。在相互转换过程中要注意，字符串的编码始终是 UTF-8 格式，当将字符串转换为字节串时，可以指定转换后的编码格式，如 UTF-8、UTF-16、UTF-32、ASCII、GB2312、GB18030 等。同样，当从字节串向字符串转换时，要考虑当前字节串中数据的编码格式。

● 字符串转换到字节串，因为字符串始终是 UTF-8 编码，但是字节串有不同编码，所以是一个编码过程，使用字符串对象的编码（encode）方法。这个方法需要指定编码格式，指明转换为字节串后的编码格式，其语法格式如下：

```
字符串对象.encode("编码格式")
```

● 字节串转换到字符串，因字节串有不同编码，而字符串始终是 UTF-8 编码，所以是一个解码过程，使用字节串对象的解码（decode）方法。这个方法需要指定解码格式，指出转换到字符串前，字节串自身的解码格式，其语法格式如下：

```
字节串对象.decode("解码格式")
```

字节串和字符串的转换过程如图 6-4 所示。

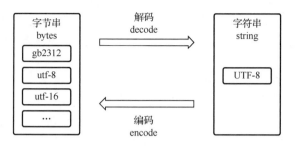

图 6-4　字节串和字符串的转换过程

【例 6.11】　字符串转换为字节串。

代码展示：

```
strVar = "中文"
utf8bytesVar = strVar.encode("utf-8")
utf16bytesVar = strVar.encode("utf-16")
utf32bytesVar = strVar.encode("utf-32")
gb2312bytesVar = strVar.encode("gb2312")
print("'中文'两字的 utf-8 编码： ",utf8bytesVar)
print("'中文'两字的 utf-16 编码： ",utf16bytesVar)
print("'中文'两字的 utf-32 编码： ",utf32bytesVar)
print("'中文'两字的 gb2312 编码： ",gb2312bytesVar)
```

运行结果：

```
'中文'两字的 utf-8 编码：  b'\xe4\xb8\xad\xe6\x96\x87'
'中文'两字的 utf-16 编码：  b'\xff\xfe-N\x87e'
'中文'两字的 utf-32 编码：  b'\xff\xfe\x00\x00-N\x00\x00\x87e\x00\x00'
'中文'两字的 gb2312 编码：  b'\xd6\xd0\xce\xc4'
'abc'ascii 编码：  b'abc'
```

同样地，也可以把转换后的字节串转换为字符串，过程请看下面的例子。

【例 6.12】　字节串转换为字符串。

代码展示：

```
print("解码后文字为： ",utf8bytesVar.decode("utf-8"))
print("解码后文字为： ",utf16bytesVar.decode("utf-16"))
print("解码后文字为： ",utf32bytesVar.decode("utf-32"))
print("解码后文字为： ",gb2312bytesVar.decode("gb2312"))
```

运行结果：

```
解码后文字为：中文
解码后文字为：中文
解码后文字为：中文
解码后文字为：中文
```

在字符串和字节串之间相互转换时一定要注意编码格式要匹配。比如，把字符串编码为 GB2312 格式，解码时也要使用 GB2312 格式，只有这样才能正确解码。如果编解码时使用的字符编码格式不同，可能就会出现乱码或错误。

【例 6.13】　字节串转换为字符串。

代码展示：

```
strVar = "中文"
```

```
gb2312bytesVar = strVar.encode("gb2312")                    #编码为 gb2312 格式
print("解码后文字为：",gb2312bytesVar.decode("utf-16"))       #解码时使用 utf-16 格式
```

运行结果：

解码后文字为：뭪裂

这里的解码结果出现错误，解码后的文字是韩文。

字符串和字节串之间的转换并不总是成功的，除了要考虑编码格式匹配的问题，还需要考虑转换后的编码空间是否能覆盖原来的编码空间。比如字节串中的 ASCII 编码集就只能编码英文字符、数字和一些常用符号，不能编码汉字、日文、韩文等字符。将汉字字符串编码为 ASCII 编码的字节串就不能成功。

同样地，由字节串解码为字符串时，也会有类似的问题。一般来说，如果字节串中的数据是符合某种编码集格式的，那么就总是能够解码为字符串的。因为，Python 字符串使用的是 Unicode 字符集的 UTF-8 编码格式，Unicode 是被设计用来解决传统的字符编码方案的局限的，它为每种语言中的每个字符设定了统一并且唯一的二进制编码，以满足跨语言、跨平台进行文本转换、处理的要求。

但是，字节串的来源非常多样，因为字节串是被设计用来处理二进制流数据的，它的来源可以是字符串编码，也可以是二进制文件，还可以是网络二进制数据流等。因此，不能总认为字节串中的数据是符合某种字符编码集格式的。

【例 6.14】 字符串不能编码为字节串的情况。

代码展示：

```
"中文".encode("ascii")                    #汉字编码为 ASCII 编码集
"カタカナ".encode("ascii")                 #日文片假名文编码为 ASCII 编码集
"русский язык".encode("ascii")            #俄文西里尔字母编码为 ASCII 编码集
```

运行结果：

```
UnicodeEncodeError: 'ascii' codec can't encode characters in position 0-1: ordinal not in range(128)
UnicodeEncodeError: 'ascii' codec can't encode characters in position 0-3: ordinal not in range(128)
UnicodeEncodeError: 'ascii' codec can't encode characters in position 0-6: ordinal not in range(128)
```

【例 6.15】字节串不能解码为字符串的情况。

代码展示：

```
b"\xff\x0f\xff".decode("gb2312")
b"\xff\x0f\xff".decode("gb18030")
b"\xff\x0f\xff".decode("utf-8")
b"\xff\x0f\xff".decode("ascii")
```

运行结果：

```
UnicodeDecodeError: 'gb2312' codec can't decode byte 0xff in position 0: illegal multibyte sequence
UnicodeDecodeError: 'gb18030' codec can't decode byte 0xff in position 0: illegal multibyte sequence
UnicodeDecodeError: 'utf-8' codec can't decode byte 0xff in position 0: invalid start byte
UnicodeDecodeError: 'ascii' codec can't decode byte 0xff in position 0: ordinal not in range(128)
```

 知识点提示：

（1）Python 源代码也将被编码，且默认使用的也是 UTF-8 编码。

（2）Python 还提供了 bytearray，它是 bytes 的可变版。

（3）编码格式中以 GB 开头的是中国国家标准，ASCII 是美国信息交换标准。

巩固提高

1．输出换行的字符串。

2．将一个字符串分别编码到 GB18030 和 UTF-8 编码格式，并解码
为字符串。

6.1.1 巩固提高答案

3．定义空字符串。

 6.1.2　索引和切片

通过字符串的定义可以知道，字符串是由一系列字符组成的有序集合。实际上，字符串
在 Python 中也是一种序列，它也支持索引和切片操作。因此在使用中，除了能将字符串作
为整体使用，也可以单独地访问它其中的一部分内容，与前面学习的列表和元组类似。

字符串的所有元素都有编号，并且从 0 开始递增。如字符串"Hello"，其中字母"H"
的编号为 0，字母"e"的编号为 1，以此类推，如图 6-5 所示。

图 6-5　"Hello"字符串从左到右索引下标

➲ 1．索引

如果需要访问字符串中的元素，可以使用索引操作符（[]）进行操作，可以像下面这个
例子一样使用编号来访问各元素。

【例 6.16】　使用字符串索引。

代码展示：

```
strVar = "Hello"
print("第 0 个字符是：",strVar[0])
print("第 1 个字符是：",strVar[1])
```

运行结果：

```
第 0 个字符是：H
第 1 个字符是：e
```

字符串是由字符组成的序列。索引 0 位置指向第一个元素，上例中为字母 H。不同于其
他一些编程语言，Python 中没有用于表示字符的类型，因此一个字符就是只包含一个元素的
字符串。

【例 6.17】　字符串索引出的结果仍然是字符串。

代码展示：

```
strVar = "Hello"
print("strVar[0]的类型：",type(strVar[0]))
```

运行结果：

```
strVar[0]的类型：<class 'str'>
```

一般来说，如果序列中元素的数量是 n，序列索引的下标从 0 开始，到序列中元素数量
减 1 为止（n-1），这些下标能顺序地索引序列中的元素。不过，Python 为开发者提供了另外
的方式，可以后向索引序列中的元素。这极大地方便了开发者，因为反方向访问序列也是在

实际开发工作中常见的操作。字符串作为一种序列，当然也是可以进行后向索引的。

后向索引时，第一个元素的下标是-n，最后一个元素的下标是-1，整体范围为[-n,-1]，如图 6-6 所示。

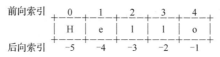

图 6-6 "Hello"字符串从右到左索引下标

【例 6.18】 使用字符串后向索引。

代码展示：

```
strVar = "Hello"
print("倒数第一个字符是：",strVar[-1])
print("倒数第二个字符是：",strVar[-2])
```

运行结果：

```
倒数第一个字符是：o
倒数第二个字符是：l
```

2. 切片

字符串能进行索引操作，当然也可以进行切片。其使用方式跟列表和元组中的切片方式一样，在切片操作符([::])中，提供起始下标、结束下标及位移量。使用方式如下：

```
字符串变量[ 起始下标:结束下标:位移量 ]
```

- 起始下标：切片起始位置，结果中会包含起始下标指定的字符。
- 结束下标：切片结束位置，结果中不会包含结束下标指定的字符。
- 位移量：在切片过程中，每次取值位置之间的间隔。正数时表示正向偏移；负数时表示反向偏移；位移量为正向 1 的时候，可以省略。

【例 6.19】 使用字符串进行切片操作。

代码展示：

```
strVar = "Hello"
print("正向切片[1:4:2]结果为：",strVar[1:4:2])
print("反向切片[-1::-1]结果为：",strVar[-1::-1])
```

运行结果：

```
正向切片[1:4:2]结果为：el
反向切片[-1::-1]结果为：olleH
```

正向切片也可称为前向切片，反向切片也可称为后向切片。使用字符串进行切片操作的过程如图 6-7 所示。

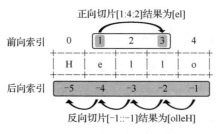

图 6-7 例 6.19 分析图

在正向切片中，如果起始下标表示字符串的第一个字符，则可以省略起始下标；如果结束下标表示字符串的最后一个字符，则可以省略结束下标。同理，在反向切片中，如果起始下标和结束下标分别表示字符串的最后一个和第一个字符，则也可以省略起始下标和结束下标。

【例 6.20】　切片操作中省略下标。

代码展示：

```
strVar = "Hello"
#正向切片，取字符串中所有字符
#偏移量为1，可省略起始和结束下标
print("正向切片[:]结果为：",strVar[:])
#反向切片，取字符串中所有字符
#偏移量为-1，可省略起始和结束下标
print("反向切片[::-1]结果为：",strVar[::-1])
```

运行结果：

```
正向切片[:]结果为：Hello
反向切片[::-1]结果为：olleH
```

起始下标和结束下标使用的索引可以不同，也就是说起始下标可以是正向的，而结束下标可以是后向的。限制条件就是，在正向切片时，起始位置一定在结束位置的左边；后向切片时，起始位置在结束位置的右边，如图 6-8 所示。

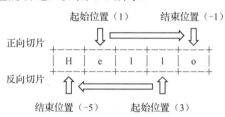

图 6-8　例 6.20 分析图

【例 6.21】　切片操作中起始位置和结束位置。

代码展示：

```
strVar = "Hello"
print("正向切片[1:-1:1]结果为：",strVar[1:-1:1])
print("反向切片[3:-5:-1]结果为：",strVar[3:-5:-1])
print("错误切片方式[-5:4:-1]结果为：",strVar[-5:1:-1])
```

运行结果：

```
正向切片[0:-1:1]结果为：　ell
反向切片[4:-5:-1]结果为：　lle
错误切片方式[-5:4:-1]结果为：
```

下面综合运用索引和切片操作，实现查找子字符串功能。在 Python 中实际上内置了查找子字符串功能，这并不妨碍我们展示索引和切片的用法。

【例 6.22】使用索引和切片操作查找子串。findSubstr()函数的第一个参数是被查字符串，第二个参数 strSub 是待查子串。如果字符串中包含子串，返回子串在字符串中的位置；如果字符串中没有子串，则返回-1。空字符是任意字符串的子串。

代码展示：

```
def findSubstr(strInfo,strSub):
    if strSub == "":              #子串为空时，直接返回
        return 0                  #表示查找成功，子串位置为 0
    subStrLen = len(strSub)       #子串长度
    #查找从 0 位置开始，到字符串长度减去子串长度加 1 的位置
    #后面的字符串长度小于子串的长度，一定不包含子串
    for i in range(len(strInfo) - subStrLen + 1):
        strTemp = strInfo[i:i+subStrLen]
        #比较子串和截取出的 strTemp 中每个位置上的字符
        #如果不相等，说明不是子串结束内层循环
        for j in range(subStrLen):
            if strSub[j] != strTemp[j]:
                break
        #如果内层循环运行完成后，没有 break，说明找到子串
        else:
            return i
    return -1
print("子串位置为：",findSubstr("书法是一门优雅的艺术","优雅"))
```

运行结果：

子串位置为：5

查找子字符串的过程如图 6-9 所示。

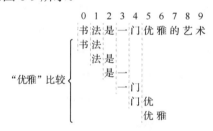

图 6-9   例 6.22 分析图

 巩固提高

1．用户输入一个字符串和下标，返回字符串中下标位置的字符。

2．用户输入一个字符串，反向地显示字符串内容。

3．优化"例 6.22"的查找子串功能。

6.1.2 巩固提高答案

6.1.3　字符串运算符

所有标准序列操作如加法、乘法、成员资格检查等都适用于字符串，但字符串是不可变的，因此所有的元素赋值和切片赋值都是非法的。常见的字符串运算符如表 6-2 所示。

表 6-2　字符串运算符

操　作　符	描　　述
+	字符串连接

续表

操　作　符	描　　述
*	字符串倍增
in	成员运算符
not in	成员运算符

使用加法操作符可以连接两个字符串，但是参与运算的两个操作数必须都是字符串类型，操作的结果是一个新的字符串。

【例 6.23】　字符串连接操作。

代码展示：

```
print("Hello"+"World")
```

运行结果：

```
HelloWorld
```

字符串连接操作在开发过程中是非常常用的操作，比如将一些零散的信息组织在一起显示。下面来看一个例子。

【例 6.24】　将信息连接在一起。

代码展示：

```
strName = input("请输入姓名：")
strBirthday = input("请输入你的生日：")
strColor = input("请输入你喜欢的颜色：")
print("你的姓名是："+strName)
print("你的生日是："+strBirthday)
print("你喜欢的颜色是："+strColor)
```

运行结果：

```
请输入姓名：杰克
请输入你的生日：1999-12-27
请输入你喜欢的颜色：红色
你的姓名是：杰克
你的生日是：1999-12-27
你喜欢的颜色是：红色
```

当乘法运算符作用于字符串时，是字符串倍增操作。倍增操作是将字符串重复指定次数，左操作数为字符串，右操作数为一个整数，其用法如以下例子。

【例 6.25】　字符串倍增操作。

代码展示：

```
print("-"*20)
print("Hello"+"World")
print("-"*20)
```

运行结果：

```
--------------------
HelloWorld
--------------------
```

字符串的成员运算符（in、not in）用于判断字符子串，是否存在于指定的字符串中，其结果是布尔类型，根据具体情况结果是真（True）或假（False）。

【例 6.26】 字符串成员运算操作。

代码展示：

```
print("字符'H'是否在单词'Hello'中： ",'H' in "Hello")
print("字符'A'是否在单词'Hello'中： ",'H' not in "Hello")
```

运行结果：

```
字符'H'是否在单词'Hello'中：  True
字符'A'是否在单词'Hello'中：  False
```

【例 6.27】 字符串成员运算操作。

代码展示：

```
strInfo = input("请输入学生列表（使用逗号分隔）:")
print("-"*50)
strStudent = input("请输入需要查找的学生： ")
print("-"*50)
print("输入的学生列表为： ",strInfo)
print(strStudent+("在列表中。 " if strStudent in strInfo else "不在列表中" ))
```

运行结果：

```
请输入学生列表（使用逗号分隔）：杰克，斯派洛，伊丽莎白，威尔，特纳
----------------------------------------------------------------
请输入需要查找的学生：威尔
----------------------------------------------------------------
输入的学生列表为：杰克，斯派洛，伊丽莎白，威尔，特纳
威尔在列表中。
```

 巩固提高

1. 使用字符串输出以下菜单命令。

```
**********************
*     1、添加学生     *
**********************
*     2、查找学生     *
**********************
*     3、显示列表     *
**********************
*     4、删除学生     *
**********************
*     5、退出        *
**********************
```

6.1.3 巩固提高答案

2. 实现上题功能，添加学生时，需要先判断新学生是否在列表中；删除学生时也需要先进行判断。

6.2 常用操作

Python 为字符串提供了丰富的操作运算符，也为字符串操作提供了大量的内置函数和方

法。这些内置函数和方法向开发者提供了常见的字符串操作功能，如子串查找、大小写转换、格式化等操作。

6.2.1　常用函数

字符串常用函数包括取长度、最大值、最小值等，其中取得字符串长度函数是在开发中使用较多的函数，如表 6-3 所示。

表 6-3　字符串常用函数 1

函　　数	功　　能	实　　例
len(str)	取得字符串长度	len("hello")结果为 5
max(str)	取得字符串中编码值最大的字符	max("hello")结果为'o'
min(str)	取得字符串中编码值最小的字符	min("hello")结果为'e'

字符串对象自身提供了丰富的方法。这些方法提供了大小写转换、统计子串、判断字符串类型、格式化等功能，常用的函数如表 6-4 所示。

表 6-4　字符串常用函数 2

函　　数		描　　述
查找类	find()、rfind()	查找一个字符串在另一个字符串中首次和最后一次出现的位置，如不存在，则返回-1
	index()、rindex()	功能同上，如不存在，则抛出异常
	count()	返回一个字符串在另一个字符串中出现的次数，如不存，则返回 0
分隔类	split()、rsplit()	以指定字符为分隔符，从原字符串左端或右端开始将其分隔成多个字符串，并返回包含分隔结果的列表，默认按空白符号分隔
连接	join()	将列表中多个字符串用指定字符进行连接，返回新字符串
大小写转换类	lower()、upper()、capitalize()、title()、swapcase()	分别为转换为小写、转换为大写、首字母大写、每个单词首字母大写、大小写互换
替换	replace()	用来替换字符串中指定字符或子字符串
去空白类	strip()、rstrip()、lstrip()	删除字符串左右段空白符号

【例 6.28】使用 split()方法拆分字符串。

代码展示：

```
strInfo = "Python,历史悠久,是一门通用语言"
strList = strInfo.split(",")
for item in strList:
    print(item)
```

运行结果：

```
Python
历史悠久
是一门通用语言
```

字符串拆分是非常常用的操作，通过指定一个分隔符来拆分字符串，过程如图 6-10 所示。

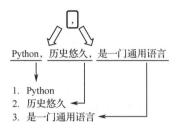

图 6-10　例 6.28 分析图

【例 6.29】 用恺撒密码加/解密字符串。

代码展示：

```
import random
#创建包含中英文的加密解密字典
#该函数返回的是一个元组
#(加密字典，解密字典)
def makeTrans():
        #字符列表
        alphabet = []
        #英文编码的范围：1～126
        for i in range(1,127):
                alphabet.append(chr(i))
        #汉字 1 编码的范围：0x4e00～0x9fa5
        for i in range(0x9fa6 - 0x4e00):
                alphabet.append(chr(0x4e00+i))
        #汉字 2 编码的范围：0x3400～0x4db5
        for i in range(0x4db6 - 0x3400):
                alphabet.append(chr(0x3400+i))
        #生成字符串
        strAlphabet = "".join(alphabet)
        #取得中英文字符数量
        alphabetLen = len(alphabet)
        #随机生成加密字符列表
        encryption = [alphabet.pop(random.randint(0,alphabetLen-i-1)) \
                for i in range(alphabetLen)]
        #生成加密字符串
        strEncryp = "".join(encryption)
        #返回(加密字典，解密字典)
        return str.maketrans(strAlphabet,strEncryp),\
                str.maketrans(strEncryp,strAlphabet)
encrytDict,decipherDict = makeTrans()          #生成加/解密字典
string = "this is a test string"
chineseStr = "用于测试的字符串"
print("加密结果:",string.translate(encrytDict))
```

```
print("加密结果:",chineseStr.translate(encrytDict))
print("解密结果:",string.translate(encrytDict).translate(decipherDict))
print("解密结果:",chineseStr.translate(encrytDict).translate(decipherDict))
```

运行结果：

```
加密结果: 匁橉焇晻旦焇晻旦駂旦匁沖晻匁旦晻匁痢焇歲磚
加密结果: 翻鵞$德奄囉硞韋
解密结果: this is a test string
解密结果: 用于测试的字符串
```

上例中使用了字符串的 translate()方法来进行加解密，translate()方法用到的两个字典，一个用于加密，另一个用于解密。加密字典与解密字典之间的明文和密文正好相反，如图 6-11 所示。

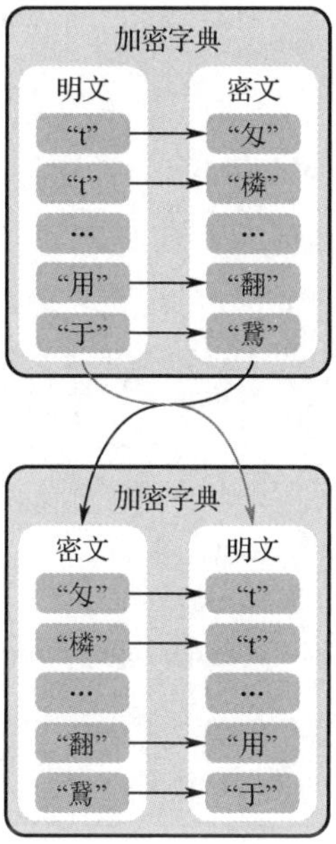

图 6-11　例 6.29 加/解密的明文和密文

生成加密字典的过程是从字符列表中随机选取一个字符，该字符作为一个明文对应的密文，被选取的字符会从字符列表被移除。这个过程会持续多次，直到所有字符都有一个对应的密文为止，过程如图 6-12 所示。

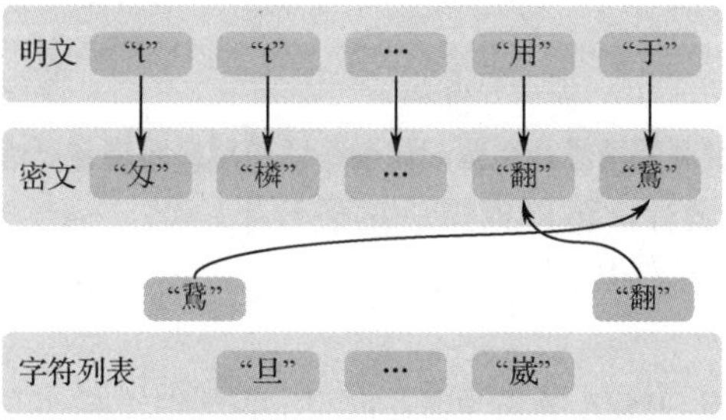

图 6-12　例 6.29 加/解密过程

【例 6.30】 命令行界面进度条。

代码展示：

```
#进度条函数
#duringTime：进度条持续的时间，单位为秒
#length：进度条的长度，单位为字符
def ProgressBar(duringTime,length):
        #用于标志进度条的字符列表
        chars = "  ▁▂▃▄▅▆▇█"
        #总的显示次数 = 持续时间 * 每秒 14 次
        updateCount = duringTime * 14
        #计算每个显示字符代表的百分比
        percentagePrecision = 100/(length*len(chars))
        #进度条中每 1%代表的时间长度
        precisionTime = duringTime/100
        #每单位长度进度条对应的百分比
        blockPercentage = 100/length
        #累计显示的百分比
        percentage = 0
        #每次显示进度条之间的时间间隔
        sTime = duringTime/(updateCount -1 )
        #使用循环显示(updateCount−1)次
        #剩余一次由 for 循环的 else 语句块来完成
        for i in range(updateCount−1):
                #计算已经完成的进度长度，用 chars 中字符表示"█"
                block = int(percentage//blockPercentage)
                #计算当前进度条最后一个方块的高度
                curBlock = int((percentage%blockPercentage)/percentagePrecision)
                #绘制当前进度条
                print("\r"+str(percentage)[:4].rjust(4)+"%:["+chars[−1]*block +chars[curBlock] +"]",end = "")
                #累计完成的百分比
                percentage += (sTime/precisionTime)
                #延迟 sTime 指定的时间
                time.sleep(sTime)
        else:
                print("\r 100%:["+chars[−1]*length+"]",end = "")
#调用进度条函数
ProgressBar(10,50)
```

运行结果：

70.5%:[██▁]

这个例子在命令行中运行，可以模拟进度条效果。

巩固提高

1．编写程序，取得用户输入的英文字符串信息，先将信息原样输出，再将字符串中大写转换为小写、小写转换为大写输出。

2．输入一串以逗号（,）分隔的字符串，将逗号间的信息提取出来，并输出。

6.2.1 巩固提高答案

6.2.2 字符串格式化

将值转换为字符串并设置其格式是一个重要的操作，需要考虑众多不同的需求，Python 提供了多种字符串格式化设置方法。在以前，主要的解决方案是使用字符串格式化设置运算符——百分号（%）。这个运算符的行为类似于 C 语言中的字符串格式化方法。除了传统的类似于 C 语言的方式，Python 还提供了其他两种更为方便和强大的格式化方法。

print 风格的字符串格式化方法类似于 C 语言中的字符串格式化方法，其格式化参数与 C 语言中的字符串格式化方式基本兼容，不过 Python 也在此基础上进行了改进，其用法如下：

格式化字符串 % 参数值

- 格式化字符串：含有格式化参数的字符串。
- 参数值：为格式化参数提供实际值的单独值或元组对象，根据格式化字符串中格式化参数的数量而定。

【例 6.31】 字符串格式化操作。

代码展示：

```
print("%s say:'Hello'" % "Python")
print("%s 今年%d 岁了" % ("Python",29))
```

运行结果：

```
Python say:'Hello'
Python 今年 29 岁了
```

这里展示的是 C 语言风格格式化方法，其中参数值的提供方式是在字符串后面使用%运算符提供的。

当格式化字符串的格式化参数只有一个时，在百分号后面可以直接提供对应的值，如图 6-13 所示。

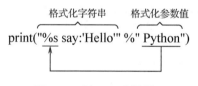

图 6-13 例 6.31 分析图 1

当格式化字符串中包含多于一个的格式化参数时，在百分号后面的值以元组的形式给出，并且元组中元素数量要和字符串中格式化参数的数量一致。元组中的值循序赋值为格式化字符串中的格式化参数，如图 6-14 所示。

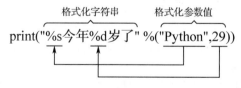

图 6-14 例 6.31 分析图 2

在上面的例子中，格式化字符串中出现的 "%s" 和 "%d" 就是用于控制字符串格式化的格式化参数，其中的 "s" 和 "d" 是参数的类型。Python 提供了丰富的格式化参数类型用于控制字符串的格式化行为，常见的格式化参数类型如表 6-5 所示。

表 6-5　格式化参数类型

格式化参数类型	功　　能	示　　例
'd'	有符号十进制整数	"%d"%10 结果：10
'i'	有符号十进制整数	"%i"%10 结果：10
'o'	有符号八进制数	"%o"%10 结果：12
'x'	有符号十六进制数（小写）	%x"%10 结果：'a'
'X'	有符号十六进制数（大写）	"%X"%10 结果：'A'
'e'	浮点指数格式（小写）	"%e"%1000 结果：'1.000000e+03'
'E'	浮点指数格式（大写）	"%E"%1000 结果：'1.000000E+03'
'f'	浮点十进制格式	"%f"%3.1415 结果：'3.141500'
'F'	浮点十进制格式	"%F"%3.1415 结果：'3.141500'
'g'	浮点格式。默认保留 6 位有效数字，在 6 位有效数字能表示的情况下使用十进制格式，否则使用小写指数格式	"%g"%3.1415000 结果：'3.1415'
'G'	浮点格式。默认保留 6 位有效数字，在 6 位有效数字能表示的情况下使用十进制格式，否则使用大写指数格式	"%G"%3.1415000 结果：'3.1415'
'c'	单个字符（接受整数或单个字符的字符串）	"%c"%97 结果：'a'
'r'	字符串（使用 repr() 转换任何 Python 对象）。等效于 "%s"%repr(参数值)	"%r"%"python"结果：'python'
's'	字符串（使用 str() 转换任何 Python 对象）。等效于 "%s"%str(参数值)	"%s"%"python"结果：'python'
'a'	字符串（使用 ascii() 转换任何 Python 对象）。等效于 "%s"%ascii(参数值)	"%a"%"python"结果：'python'
'%'	不转换参数，在结果中输出一个 '%' 字符	"%d%%"%(10) 结果：'10%'

在 Python 中，格式化参数提供的不只是类型说明，实际上还具有更多的控制能力，如格式化后的宽度、填充字符、浮点数精度等。这要求按照一定的规范书写格式化参数。规则如下：

%[(映射键)][标志][宽度][.精度]参数类型

其中，转换标记符包含两个或更多字符，并具有以下组成，且必须遵循此处规定的顺序。

- '%'字符，用于标记转换符的起始。
- 映射键（可选）。
- 标志（可选），用于影响某些转换类型的结果。
- 最小字段宽度（可选）。
- 精度（可选）。如果转换的是实数，精度值就表示出现在"."点号后的位数；如果转换的是字符串，那么表示最大段宽度是"*"，精度将会从元组中读出。例如：

```
print ("%.*s" % (6,"python is great!" ))
#到元组中取 6 个字符
```

输出结果为：python

- 格式化参数类型，如表 6-5 所示。

转换规范中的第一个可选字段标志位用于指定输出对齐方式及控制符号、空白、前导零、小数点，以及八进制和十六进制前缀的输出，如表 6-6 所示。

表 6-6　格式化标志位

标　　志	含　　义
'#'	值的转换将使用"替代形式"（具体定义见下文）
'0'	转换将为数字值填充零字符
'-'	转换值将靠左对齐（如果同时给出 '0' 转换，则会覆盖后者）
' '	（空格）符号位转换产生的正数（或空字符串）前将留出一个空格
'+'	符号字符（'+' 或 '-'）将显示于转换结果的开头（会覆盖空格标志）

在 Python 中格式化字符串的一个非常方便的功能就是映射键。在 C 语言中，格式字符串中的一个缺点是参数和对应的值必须严格一一对应，当格式字符串中的格式化参数比较多时，书写和调试就比较麻烦。而 Python 提供了这个可选的映射键字段，为字符串格式化参数与值提供灵活的对应关系。

【例 6.32】　字符串格式化操作中映射键的使用。

代码展示：

```
valueMapping = {"name":"Python","age":29}
print("%(name)s 今年%(age)d 岁了" % (valueMapping))
```

运行结果：

```
Python 今年 29 岁了
```

操作过程如图 6-15 所示。

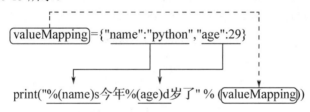

图 6-15　例 6.32 分析图

标志一般会和长度联用，才能显示出标志的功能。

【例 6.33】　设置信息格式化后的宽度和对齐方式。

代码展示：

```
#标题信息
title={"titleName":"Name","titleAge":"Age"}
#Python 语言信息
pythonInfo={"name":"Python","age":29}
#C++语言信息
cppInfo={"name":"C++","age":40}
#C 语言信息
cInfo={"name":"C","age":48}

print("+%s+%s+"%("-"*20,"-"*20))
```

```
print("|%(titleName)-20s|%(titleAge) 20s|"%(title))
print("+%s+%s+"%("-"*20,"-"*20))
print("|%(name)-20s|%(age)0+20d|"%(pythonInfo))
print("+%s+%s+"%("-"*20,"-"*20))
print("|%(name)-20s|%(age) +20d|"%(cppInfo))
print("+%s+%s+"%("-"*20,"-"*20))
print("|%(name)-20s|%(age) +20d|"%(cInfo))
print("+%s+%s+"%("-"*20,"-"*20))
```

运行结果：

```
+--------------------+--------------------+
|Name                |                 Age|
+--------------------+--------------------+
|Python              |+000…0000 29|
+--------------------+--------------------+
|C++                 |                 +40|
+--------------------+--------------------+
|C                   |                 +48|
+--------------------+--------------------+
```

标志位中的标志是可以多个联用的，比如本例中的第二个参数中数字与加号（+）连用。这个例子有两个格式化参数，都指定了格式化后的长度为 20。第一个参数指定格式化一个字符串，格式化后长度为 20 个字符，且使用了"-"标志进行左对齐，如果字符串长度不够20 个字符，使用空格填充剩下的位置。第二个参数格式化一个整数，格式化后长度也是 20个字符，使用右对齐方式，格式化后的长度如果不够 20 个字符，就会使用标志中的 0 进行填充，并显示这个整数的符号。操作过程如图 6-16 所示。

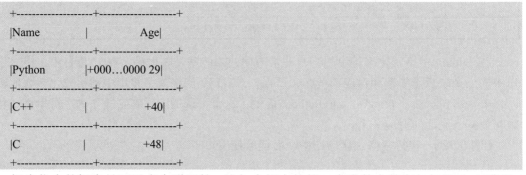

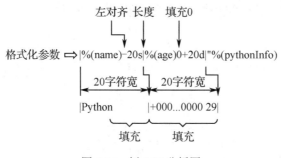

图 6-16　例 6.33 分析图

注意标志中的减号（-）是左对齐。加号（+）是显示数值的符号，显示的结果可能是正号（+），也有可能是负号（-）。

除了使用传统的百分号（%）方式进行字符串格式化，Python 还提供了 format()方法。format()方法的使用方式如下：

```
"格式化字符串".format(参数列表)
```

这里需要注意，格式化字符串中的格式化参数书写格式发生了改变，主要是通过花括号（{}）和冒号（:）来代替以前的百分号（%）。书写方式如下：

```
{ [映射键][索引位置]:[[填充字符]对齐方式][正负号][#][0][宽度][精度][类型] }
```

大多数可选项和使用百分号的时候类似，只有其中的对齐方式和正负号有一些不同。我们看以下几个例子。

【例 6.34】 使用字符串的 format()方法进行字符串格式化操作。

代码展示：

```
print("{} say:'{}'".format("Python","Hello"))
print("{1} say:'{0}'".format("Hello","Tom"))
print("{name} say:'{word}!I'm {name}'".format(word="Hi",name = "Jack"))
```

运行结果：

```
Python say:'Hello'
Tom say:'Hello'
Jack say:'Hi!I'm Jack'
```

这里展示的是在大括号（{}）中使用映射键，以及索引位置的情况。这和使用百分号时的情况类似。

使用 format()方法时，设置对齐方式的标志有点变动，具体如表 6-7 所示。

表 6-7 格式化对齐方式

标　志	说　　明
'<'	强制字段在可用空间内左对齐（这是大多数对象的默认值）
'>'	强制字段在可用空间内右对齐（这是数字的默认值）
'='	强制将填充放置在符号（如果有）之后，但在数字之前。这用于以 "+000000120" 形式打印的字段。此对齐选项仅对数字类型有效。当'0'紧接在字段宽度之前时，它成为默认值
'^'	强制字段在可用空间内居中

【例 6.35】 使用新的对齐方式来进行字符串格式化。

代码展示：

```
print("{title:8s}{first:^10s} {second:^10s} {third:^10s}".format(title="",\
first="1",second="2",third="3"))
for i in range(1,6):
    print("第{index:2d}行：{stars:^10s}|{stars:<10s}|{stars:>10s}".format(\
index=i,stars="* "*i))
```

运行结果：

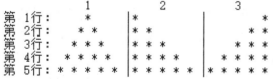

上例中语句 "stars="* "*i" 中的字符串是星号和空格。这里展示了左对齐（<）、中间对齐（^）和右对齐（>）标志的使用。

在 Python 3.6 版本以后提供了格式化字符串字面值功能，或称 f-string，是带有'f'或'F'前缀的字符串字面值，其用法如下：

```
f"格式化字符串"
```

这种字符串可包含格式化参数，即以{}标识的表达式。而其他字符串字面值总是一个常量，格式化字符串字面值实际上是会在运行时被求值的表达式。也就是说在运行时，Python 会先将{}中的表达式求值，然后按照参数给定的方式进行格式化。其中的格式化参数写法和 format()

函数中的写法一致。只是{}中的映射键必须是当前可用的变量名或合法的 Python 表达式。

我们再看下面的例子。

【例 6.36】 使用 f-sting 格式化字符串。

代码展示：

```
import math
print(f" π 值是：{math.pi:.5f}")
r = 1
area = math.pi*(r**2)
print(f"半径{r:.1f}米的圆，面积为：{area:.3f}平方米")
```

运行结果：

```
π 值是：3.14159
半径 1.0 米的圆，面积为：3.142 平方米
```

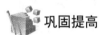 巩固提高

1．编写一个程序，要求输入名字和姓氏，然后以"名字，姓氏"的格式打印。

2．编写一个程序，要求输入名字，并执行以下操作。

　① 把名字引在双引号中打印出来。

　② 在宽度为 20 个字符的字段内打印名字，并且整个字段印在引号内。

　③ 在宽度为 20 个字符的字段的左端打印名字，并且整个字段印在引号内。

3．编写一个程序，读取一个浮点数，并且首先以小数记数法，然后以指数记数法打印它。

6.2.2 巩固提高答案

6.3 正则表达式

在字符串处理中，很多功能靠字符串自身的方法很难实现，或者实现起来很复杂。例如，我们要在一段包含人员信息的文本中找到所有的电子邮箱地址、手机号码或日期等信息，实现这个功能单靠字符串自身提供的方法就比较麻烦。此时，我们需要借助一个功能更为强大的字符串处理工具，就是正则表达式。

正则表达式，又称规则表达式，主要用于文本模式的描述。换句话说，正则表达式代码是一个规则，表示符合这个规则的所有字符串。下面看一个例子。

【例 6.37】 使用正则表达式寻找 QQ 号码。

代码展示：

```
import re
info = '''zhengyi_8822@yahoo.com 59196144 xiao_qi_xin@163.com 12637586110
18937689952 228609260 13261655430 sun_min_bai@alimail.com 489493652'''
print("QQ 号码有：",re.findall(r"\b[1-9]\d{4,9}\b",info))
```

运行结果：

```
QQ 号码有：['59196144', '228609260', '489493652']
```

本例中寻找 QQ 号码的原理实际上是运用 QQ 号码的规律。QQ 号码是由 5～10 位数字组成的，其中第一个数字的取值范围为 1～9，剩下部分由 0～9 组成。我们先通过正则表达

式描述这样一个规则，然后运用这个规则去文本中寻找符合的字符串。

在 Python 中运用正则表达式，需要学习正则表达式的书写规则，以及相应的模块。

6.3.1　基本符号

要运用正则表达式，需要按照一定的规则来书写表达式。正则表达式中提供了一系列的基本符号（也称元字符），用于表示一个特定字符或一类字符中的一个。元字符以外的称为原义字符，也就是文本中正常的文本字符。

在正则表达式中使用原义字符，相当于字符串的查找。

【例 6.38】　使用原义字符。

代码展示：

```
import re
info = '''zhengyi_8822@yahoo.com 59196144 xiao_qi_xin@163.com 12637586110
18937689952 228609260 13261655430 sun_min_bai@alimail.com 489493652'''
print("查找结果：",re.findall(r"alimail",info))
```

运行结果：

查找结果：['alimail']

本例使用原义字符，相当于在文本中查找指定的字符串。要发挥正则表达式强大的模式匹配能力，还需要配合使用元字符。

正则表达式中的元字符如表 6-8 所示。

表 6-8　元字符表

元 字 符	说　　明	实　　例
.	匹配除换行符以外的任意字符	"."去匹配"python" 结果： 'p', 'y', 't', 'h', 'o', 'n'
\w	匹配字母或数字或下画线或汉字	"\w"去匹配"python" 结果： 'p', 'y', 't', 'h', 'o', 'n'
\s	匹配任意的空白符	"\s"去匹配"hello python" 结果： ' '(空格)
\d	匹配数字	"\d"去匹配"XiaoQiXin@163.com" 结果： '1', '6', '3'
\b	匹配单词的开始或结束。并不是具体的字符，表示一个单词开始或结束的位置	"\b"去匹配"Hello python" 结果： '', '', ''
^	匹配字符串的开始。并不是具体的字符，表示字符串开始的位置	"^"去匹配"Hello python" 结果： ''
$	匹配字符串的结束。并不是具体的字符，表示字符串结束的位置	"$"去匹配"Hello python" 结果： ''

续表

元 字 符	说　　明	实　　例
\W	匹配任意不是字母、数字、下画线或汉字的字符	"\W"去匹配"Python:'hi!'" 结果： ':', "'", '!', "'"
\S	匹配任意不是空白符的字符	"\S"去匹配"Say 'Hi'" 结果： 'S', 'a', 'y', "'", 'H', 'i', "'"
\D	匹配任意非数字的字符	"\D"去匹配"123xyz" 结果： 'x', 'y', 'z'
\B	匹配不是单词开始或结束的位置	"\B"去匹配"Hi there" 结果： '', '', '', ''

表 6-8 中的元字符多数都好理解，其中几个表示位置的元字符可能比较抽象。来看下面一个例子。

【例 6.39】 使用元字符寻找单词首字母。

代码展示：

```
import re
info = 'Hello Python'
print("查找结果：",re.findall(r"\b\w",info))
```

运行结果：

```
查找结果：['H', 'P']
```

本例使用正则表达式"\b\w"去匹配文本中单词的开始字符，其中元字符"\b"并不是表示一个字符，而是表示一个位置，这个位置是单词开始位置或结束位置。在英文中单词可以由空格、标点符号、句首、句尾等界定，根据情况"\b"可以表示这些位置。第一个"\b"匹配的就是句首位置，"\w"匹配一个字符"H"。第二个"\b"匹配的就是第二个单词前的位置，"\w"匹配一个字符"P"。过程如图 6-17 所示。

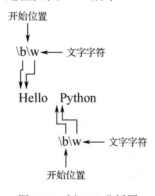

图 6-17　例 6.39 分析图

只使用原义字符或元字符只能写出比较简单的规则，比如希望匹配文本中所有的英文单词，光靠原义字符和元字符就不行。因为，英文单词的长度并不固定。要匹配这种可变长度且由相同类型的字符组成的文本时，就需要用到正则表达式的次数限定符。正则表达式中的次数限定符用来设置一个模式重复的次数，如表 6-9 所示。

表 6-9　次数限定符表

限 定 符	说　　明	实　　例
*	重复零次或更多次	"\w*"去匹配"Hi there" 结果： 'Hi', '', 'there', ''
+	重复一次或更多次	"\w+"去匹配"Hi there" 结果： 'Hi', 'there'
?	重复零次或一次	"\w?"去匹配"Hi there" 结果： 'H', 'I', '', 't','h', 'e', 'r', 'e', ''
{n}	重复 n 次	"\w{2}"去匹配"Hi there" 结果： 'Hi', 'th', 'er'
{n,}	重复 n 次或更多次	"\w{2,}"去匹配"Hi there" 结果： 'Hi', 'there'
{n,m}	重复 n 到 m 次	"\w{2,5}"去匹配"Hi there" 结果： 'Hi', 'there'

到这里，我们就能写出更为通用的正则表达式了。比如需要找到文本中所有符合手机号码模式的字符串，或者说要找出手机号码。

【例 6.40】　使用正则表达式找出手机号码。

代码展示：

```
import re
info = '''zhengyi_8822@yahoo.com 59196144 xiao_qi_xin@163.com 12637586110
18937689952 228609260 13261655430 sun_min_bai@alimail.com 489493652'''
print("手机号码有：",re.findall(r"1\d{10}",info))
```

运行结果：

手机号码有：['12637586110', '18937689952', '13261655430']

手机号码由"1"开始，长度为 11 位数字。开始的数字"1"使用原义字符，后面的 10 位数字使用元字符"\d"表示，再让它重复 10 次，如图 6-18 所示。

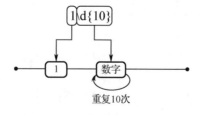

图 6-18　例 6.40 分析图

这个正则表达式是可以使用的，也能找到手机号码。但是，考虑到手机号码中第二位数字并不是 0～9，而是只有 3～9。要处理这样的情况，需要用到正则表达式中的字符类。

字符类是使用方括号（[]）括起来的一组字符，表示匹配其中的任何一个字符。比如[3456789]这个字符类，表示用于匹配 3～9 中的任意一个。如果字符类中的字符是连续的，还可以使用省略的写法，如要匹配 3～9，可以写成[3-9]。这样的写法也支持非数字字符，如全部大小写英文字母可以这样写[a-zA-Z]，全部汉字可以写成[\u4e00-\u9fa5]（Unicode 中汉字编码的范围）。如果希望排除个别或在某个范围的字符，可以在方括号内的字符前添加反义符（^），如排除字母 x 可以写成[^x]，匹配除 aeiou 这几个字母以外的任意字符可以写成[^aeiou]。使用反义符后的字符类，可以理解为不匹配此类字符。

【例 6.41】 改进手机号码匹配。

代码展示：

```
import re
info = '''zhengyi_8822@yahoo.com 59196144 xiao_qi_xin@163.com 12637586110
18937689952 228609260 13261655430 sun_min_bai@alimail.com 489493652'''
print("手机号码有：",re.findall(r"1[3-9]\d{9}",info))
```

运行结果：

```
手机号码有：['18937689952', '13261655430']
```

这里的改进就是使用字符类来匹配第二个数字，余下的内容还是使用"\d"来匹配，需要重复 9 次。注意[3-9]与[^012]表示的范围不同，前者只包含 3～9，后者包含除 0、1、2 以外的所有字符。

现在，我们已经可以写一些比较复杂的正则表达式了。但是，有些文本模式是不能用一组规则来匹配的，如 IP 地址、邮箱地址、座机电话号码等。需要用到多个规则，这时可以用正则表达式的分支条件和分组。

分支条件是使用"|"符号分隔的多个规则，只要符合其中一个规则就匹配成功。

分组是用小括号来指定子表达式的，一个分组可以看成一个整体，可以对一个分组进行重复次数限定。

我们以 IP 地址为例来说明分支条件和分组的用法。IPv4 地址使用点分十进制表示法，如 192.168.1.1、183.232.231.172、111.10.61.234、127.0.0.1 等，看起来可以写成"\d{1,3}.\d{1,3}.\d{1,3}.\d{1,3}."这样的表示方式。但是我们看看符合这个规则的文本，比如 999.000.555.0，这明显就不是一个有效的 IP 地址，因为 IP 地址中每段数字不能超过 255。

因此 IP 地址中的数字，可以分为以下几种情况。

（1）以 25 开始的情况，那么最后一位只能取 0～5。

（2）以 2 开始的情况，中间只能取 0～4，最后一位可取 0～9。

（3）以 1 或 0 开始的情况，剩下两位都可以取 0～9。

（4）只有两位的情况，两位都可以取 0～9。

（5）只有一位的情况，可以取 0～9。

分析一下会发现，情况（5）可以认为是情况（4）没有第一位，情况（4）可以看成情况（3）没有第一位，那么（3）（4）（5）可以用一个表达式"[01]?\d?\d"来处理。情况（1）（2）（3）互不兼容，那么只能用另外两个表达式来分别处理情况（1）和情况（2）。情况（1）可以用表达式"25[0-5]"处理，情况（2）用表达式"2[0-4]\d"处理。

使用分支条件来处理 IP 地址中的一个地址段，将各种情况对应的表达式使用"|"连接起来形成一个完整的表达式"25[0-5]|2[0-4]\d|[01]?\d?\d"。

IP 地址点分表示法，每段都符合上述规则，每段之间使用"."号分隔，那么将上边的表达式重复四次，每次也使用"."号分隔就可以了。

这里要注意一点，上面的表达式是整体，所以我们把它使用括号括起来作为一个分组，即将表达式写成"(25[0-5]|2[0-4]\d|[01]?\d?\d)"，然后重复四次，每次用"."号分隔。表达式可以写为"(25[0-5]|2[0-4]\d|[01]?\d?\d)\. (25[0-5]|2[0-4]\d|[01]?\d?\d)\. (25[0-5]|2[0-4]\d|[01]?\d?\d)\.(25[0-5]|2[0-4]\d|[01]?\d?\d)"。这里用到转义符（\），因为"."在正则表达式中是元字符，表示除换行外的所有字符，这里转义后表示将"."作为原义字符使用。

但是这样写比较复杂，同样的表达式重复了四次。仔细分析这个表达式，可以发现"(25[0-5]|2[0-4]\d|[01]?\d?\d)\."表达式重复三次，加上一个"(25[0-5]|2[0-4]\d|[01]?\d?\d)"。

前面说过分组是可以作为整体使用重复限定符的，那么可以把"(25[0-5]|2[0-4]\d|[01]?\d?\d)\."作为分组，然后使用限定符重复三次。重写后的表达式为"((25[0-5]|2[0-4]\d|[01]?\d?\d)\.){3}(25[0-5]|2[0-4]\d|[01]?\d?\d)"。我们通过下面的例子来验证一下。

【例 6.42】 使用分支条件与分组匹配 IP 地址。

代码展示：

```
import re
info = '''192.168.1.1 183.232.231.172
111.10.61.234 127.0.0.1
999.000.555.0 1.1.1.1'''
x = re.compile(r"((2[0-4]\d|25[0-5]|[01]?\d?\d)\.){3}(2[0-4]\d|25[0-5]|[01]?\d?\d)")
for i in x.finditer(info):
    print("IP 地址有：",i.group(0))
```

运行结果：

```
IP 地址有：   192.168.1.1
IP 地址有：   183.232.231.172
IP 地址有：   111.10.61.234
IP 地址有：   127.0.0.1
IP 地址有：   1.1.1.1
```

操作过程如图 6-19 所示。

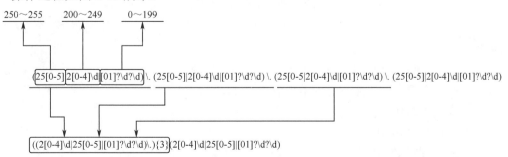

图 6-19　例 6.42 分析图

有的时候我们要查找的信息本身没有规律可言，但是这些信息的前后可能有一定的规律。比如网页中的信息，我们在处理网页信息时，可以通过标签找到需要的信息，但是并不需要标签本身。在正则表达式中可以使用零宽断言来完成这样的工作。零宽断言的用法如表 6-10 所示。

表 6-10　零宽断言表

语　　法	说　　明
(?=exp)	匹配 exp 前面的位置
(?<=exp)	匹配 exp 后面的位置
(?!exp)	匹配后面跟的不是 exp 的位置
(?<!exp)	匹配前面不是 exp 的位置

【例 6.43】　使用零宽断言匹配 HTML 标签之间的信息。

代码展示：

```
import re
info = "<h1>文章段落标题</h1>"
print("提取所有内容：",re.findall(r"<h1>.+</h1>",info))
print("提取<h1>后边内容：",re.findall(r"(?<=<h1>).+",info))
print("提取</h1>前边内容：",re.findall(r".+(?=</h1>)",info))
print("提取中间内容：",re.findall(r"(?<=<h1>).+(?=</h1>)",info))
```

运行结果：

```
提取所有内容：        ['<h1>文章段落标题</h1>']
提取<h1>后边内容：    ['文章段落标题</h1>']
提取</h1>前边内容：   ['<h1>文章段落标题']
提取中间内容：        ['文章段落标题']
```

操作过程如图 6-20 所示。

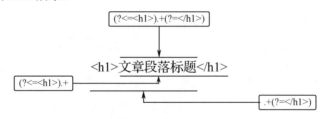

图 6-20　例 6.43 分析图

 巩固提高

1．编写一个程序，判断用户输入的字符串是否为浮点数。
2．编写一个程序，从如下文本中提取标签之间的信息：
　　<a>网页连接</a>
　　网页文字
　　<h1>段落标题</h1>

6.3.1 巩固提高答案

 6.3.2　re 模块

Python 为支持正则表达式匹配操作，提供了 re 模块。在前面的内容中我们已经使用其中的部分内容。re 模块定义了几个函数和常量，常用的函数如表 6-11 所示。

表 6-11　re 模块常见函数

函　　数	说　　明
match(pattern,string,flags=0)	尝试从字符串（string）的起始位置匹配正则表达式（pattern），如果不是起始位置匹配成功的话，match()就返回 none。如果成功则返回一个 Match 对象
fullmatch(pattern,string,flags=0)	尝试整个字符串（string）去匹配正则表达式（pattern），如果匹配失败的话，fullmatch()就返回 none。如果成功则返回一个 Match 对象
search(pattern,string,flags=0)	扫描整个字符串并返回第一个成功的匹配。如果成功就返回 Match 对象，失败则返回 None
sub(pattern,repl,string,count=0,flags=0)	将字符串（string）中满足正则表达式（pattern）的子串用 repl 的结果进行替换，并返回替换后的新字符串作为结果。repl 可以是字符串或函数。count 参数表示将匹配到的内容进行替换的次数
subn(pattern,repl,string,count=0,flags=0)	执行的操作与 sub()相同，但返回一个元组。元组内容为（新字符串,替换的次数）
split(pattern,string,maxsplit=0,flags=0)	使用匹配正则表达式（pattern）的子串去分隔字符串（string），并将结果保存在列表中返回。如果 maxsplit 不为零，则最多会发生 maxsplit 分隔，并将字符串的其余部分作为列表的最后一个元素返回
findall(pattern,string,flags=0)	在字符串（string）中找到正则表达式（pattern）所匹配的所有子串，并返回一个列表。如果没有找到匹配的，则返回空列表
finditer(pattern,string,flags=0)	和 findall()类似，在字符串（string）中找到正则表达式（pattern）所匹配的所有子串，并把它们作为一个迭代器返回。迭代器返回的是 Match 对象
compile(pattern,flags=0)	将正则表达式（pattern）编译为一个 Pattern 对象
purge()	清理由 re 模块缓存的 Pattern 对象
escape(pattern)	为正则表达式（pattern）中所有可能被当作元字符的非数字和非字母符号添加反斜杠（\）转义符

【例 6.44】　分别使用 re 模块的 match()和 search()函数匹配手机号码。

代码展示：

```
import re
info = "我的电话号码是 13345678902"
print("match 的结果是：",re.match(r"1[3-9]\d{9}",info))
print("search 的结果是：",re.search(r"1[3-9]\d{9}",info).group())
```

运行结果：

```
match 的结果是：None
search 的结果是：13345678902
```

在这里可以看到 match()和 search()函数的结果不同，match()函数匹配失败，search()函数匹配成功。因为 match()函数会试着从字符串的开始进行匹配，如果开始就不能匹配，直接就失败返回 None。search()函数会扫描整个字符串，返回第一个匹配的结果，如果整个字符串都没有符合正则式规则的字符串，再返回 None。

【例 6.45】　分别使用 re 模块的 match()和 fullmatch()函数匹配手机号码。

代码展示：

```
import re
info = "13345678902.是我的电话号码"
print("match 的结果是：",re.match(r"1[3-9]\d{9}",info).group())
print("fullmatch 的结果是：",re.fullmatch(r"1[3-9]\d{9}",info))
```

运行结果：

```
match 的结果是：13345678902
fullmatch 的结果是：None
```

match()函数从字符串开始匹配，成功后返回 Match 对象。fullmatch()函数尝试让整个字符串和正则表达式进行匹配，如果这个字符串作为整体不能匹配，则失败返回 None。

【例 6.46】 假设我们是互联网企业的开发人员，需要将用户信息提供给数据分析部门，考虑到客户数据的安全，需要隐去密码，但要提供密码长度移动分析。这时可以使用 re 模块的 sub()和 subn()函数来完成任务。

代码展示：

```
import re
info = "用户名：user1；密码：123456；用户名：user2；密码：xyzabc；"
def replFun(matchObj):
    l = len(matchObj.group())
    return "*"*l
print("",re.sub(r"(?<=密码：)[^；]+", replFun, info))
print("",re.subn(r"(?<=密码：)[^；]+", replFun, info))
```

运行结果：

```
用户名：user1；密码：******；用户名：user2；密码：******；
 ('用户名：user1；密码：******；用户名：user2；密码：******；', 2)
```

sub()和 subn()函数基本相同，只是返回的结果有所区别，sub()函数直接返回新字符串，而 subn()函数返回一个元组，其中第一个元素是替换后的新字符串，第二个元素是替换的次数。

本例中两个函数的 repl 参数使用一个函数（replFun()）作为实参。replFun()函数接收一个 Match 对象作为参数。这个函数会在找到满足正则表达式时自动调用，并传递一个代表当前满足正则表达式（sub()或 subn()函数中的 pattern 参数）的 Match 对象，这个对象中会包含匹配成功的字符串。我们在这里把找到的结果替换成了对应长度的星号（*）。

在 re 模块中用得比较多的函数就是 findall()和 finditer()，这两个函数在正则表达式（findall()或 finditer()函数中的 pattern 参数）中没有使用分组时，行为是一样的，只是返回的结果有点区别，findall()函数返回一个包含所有结果的列表，而 finditer()函数返回一个可迭代的对象，通过迭代这个对象可以获取和 findall()函数一样的结果。

但是，当正则表达式中有分组时两个函数的结果就不同了。我们在正则表达式部分已经讲过分组，而且 re 模块也支持正则表达式的分组功能，并且在前面的例子中也用到了，就是 Match 对象的 group()方法。所以在展示这两个函数前，有必要再说一下正则表达式的分组。

在正则表达式中，每个分组都会自动分配一个组号，这个组号从 1 开始，依次递增。分配的规则是，从正则表达式左边开始第一对括号的组的组号为 1，第二个括号的组的组号为 2。此外，整个表达式有一个组号就是 0。下面我们以一个匹配 IP 地址的正则表达式为例说明组号的分配。

【例 6.47】　使用 re 模块的 findall()和 finditer()函数匹配 IP 地址。

代码展示：

```
import re
info = '192.168.1.2'
#使用 re 模块的 compile()方法编译一个正则表达式，生成一个 Pattern 对象
#这个对象可以反复使用
reg = re.compile(r"((2[0-4]\d|25[0-5]|[01]?\d?\d)\.){3}(2[0-4]\d|25[0-5]|[01]?\d?\d)")
print("findall 的结果： ", reg.findall(info))
for i in reg.finditer(info):
    print("finditer 结果： "
            ,"第 0 组("+i.group()+")、 "
            ,"第 1 组("+i.group(1)+")、 "
            ,"第 2 组("+i.group(2)+")、 "
            ,"第 3 组("+i.group(3)+")")
```

运行结果：

```
findall 的结果： [('1.', '1', '2')]
finditer 结果： 第 0 组(192.168.1.2)、第 1 组(1.)、第 2 组(1)、第 3 组(2)
```

在这里可以看到 findall()和 finditer()函数在有分组的情况下，二者结果的区别。findall()函数在有分组的情况下，不会包含第 0 组的结果，也就是整个表达式匹配的结果，只会包含从第 1 组开始的结果。在这种情况下，同一个结果下的分组加起来也不一定能得到分组 0 的结果。finditer()函数则始终返回所有分组的结果，包括第 0 组的结果，如图 6-21 所示。

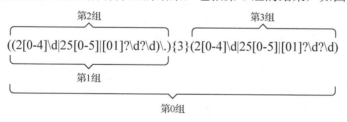

图 6-21　例 6.47 分析图

如果要获取每个分组匹配的结果，可以使用 Match 对象，这个对象是由 search()、match()、fullmatch()、finditer()函数返回的。使用 Match 对象的 group()方法可以返回指定的组匹配的结果，默认返回第 0 组。也可以使用 groups()方法，以元组的形式返回所有组匹配的结果，如表 6-12 所示。

表 6-12　Match 方法表

Match 方法	说　　明
group(num=0)	匹配整个表达式的字符串，group()方法可以一次输入多个组号，在这种情况下它将返回一个包含那些组所对应值的元组
groups()	返回一个包含所有小组字符串的元组，从 1 到所含的组号

最后，re 模块的 compile()方法会将正则表达式编译为一个 Pattern 对象，这个对象提供的方法基本上和 re 模块提供的函数相同。当一个正则表达式在程序的不同地方反复使用时，将这个表达式编译为一个 Pattern 对象，然后在代码的不同位置使用这个对象。这样带来的

好处是，避免相同的正则表达式出现在代码的不同地方，方便维护。

**巩固提高**

1. 编写一个程序，找出一段英文文本中的所有单词。
2. 编写一个程序，匹配年月日，日期格式如 2019-12-26。

6.3.2 巩固提高答案

6.4 素质拓展

在全国计算机等级考试二级"Python 语言程序设计"考试中，字符串部分明确指出要求掌握如下内容。

➤ 字符串类型及格式化：索引、切片、基本的 format()格式化方法。
➤ 字符串类型的操作：字符串操作符、处理函数和处理方法。
➤ 类型判断和类型间转换。
➤ 字符串类型：定义、索引、切片。

【拓展训练】

6.4 拓展训练答案

➡ 一、填空题

1. 表达式'ab' in 'acbed'的值为_____。
2. 已知 path = r'c:\test.html'，那么表达式 path[:-4]+'htm'的值为_____。
3. 表达式 chr(ord('a')^32)的值为_____。
4. 表达式 str([1, 2, 3])的值为_____。
5. 表达式'%d,%c' % (65, 65)的值为_____。
6. 表达式'The first:{1}, the second is {0}'.format(65,97)的值为_____。
7. 表达式'{0:#d},{0:#x},{0:#o}'.format(65)的值为_____。
8. 表达式':'.join('abcdefg'.split('cd'))的值为_____。
9. 表达式'Hello world. I like Python.'.rfind('python')的值为_____。
10. 表达式'abcabcabc'.count('abc')的值为_____。
11. 表达式'apple.peach,banana,pear'.find('p')的值为_____。
12. 表达式'apple.peach,banana,pear'.find('ppp')的值为_____。
13. 表达式'abcdefg'.split('d')的值为_____。
14. 表达式':'.join('1,2,3,4,5'.split(','))的值为_____。
15. 表达式','.join('a   b   ccc\n\n\nddd   '.split())的值为_____。
16. 表达式'Hello world'.upper()的值为_____。
17. 表达式''.join('asdssfff'.split('sd'))的值为_____。
18. 表达式''.join(re.split('[sd]','asdssfff'))的值为_____。
19. 假设 re 模块已导入，那么表达式 re.findall('(\d)\\1+', '33abcd112')的值为_____。
20. 语句 print(re.match('abc', 'defg'))的输出结果为_____。

第7章 文件操作

计算机文件是存储在硬盘等载体上的数据集合，使用计算机进行信息处理时经常要进行各种文件操作。Python 提供了许多用于文件操作的内置函数，可以在程序中通过读/写文件来实现数据的输入/输出，即请求操作系统打开指定的文件，然后通过操作系统提供的编程接口从文件中读取数据并进行数据处理，最后将处理后的数据按一定格式输出到文件中。

学习目标

- 掌握文本文件的打开和关闭。
- 掌握文本文件的操作。
- 掌握目录的管理。
- 能对 CSV 文件进行读写。
- 能对 JSON 文件进行读写。

7.1 文本文件

文本文件由字符组成，这些字符按 ASCII 码、UTF-8 或 Unicode 等格式进行编码，文件内容方便查看和编辑。Windows 记事本创建的.txt 格式的文件就是典型的文本文件，以.py 为扩展名的 Python 源文件、以.html 为扩展名的网页文件等也都是文本文件。文本文件可以被多种编辑软件创建、修改和阅读，常见的编辑软件有记事本、Noptpad++等。

7.1.1 文件打开

文件操作是由操作系统提供的基本功能。打开文件是指在程序与操作系统之间建立某种联系，程序将所要操作文件的基本信息（包括文件的路径、读写方式及读写位置等）通知操作系统，由操作系统隐式打开对应文件，并在程序中返回打开文件的文件操作对象。如果要读取文件，则首先需要检查该文件是否存在；如果要写入文件，则需要检测在目标位置上是否存在同名文件，如果有则应首先删除该文件，然后创建一个新文件并定位到文件开头，准备执行写入操作。

在 Python 中，可以使用内置函数 open()打开指定的文件并返回相应的文件对象，如果无法打开指定的文件，则会引发 OSError 错误。open()函数的调用格式如下：

```
open(文件路径[,打开模式,[缓冲区[,编码]]])
```

其中，文件路径参数是类路径对象，用于指定要打开文件的路径名，既可以是绝对路径，也可以是相对路径。

打开模式参数是一个可选的字符串，用于指定打开文件的模式，其默认值为 r，表示在文本模式下打开文件并用于读取。可用的文件打开模式如表 7-1 所示。

表 7-1 文件打开模式

模　　式	说　　明
r	读模式（默认模式，可省略），如果文件不存在则抛出异常
w	写模式，如果文件已存在，先清空原有内容
a	追加模式，不覆盖文件中原有内容
b	二进制模式（可与其他模式组合使用）
t	文本模式（默认模式，可省略）
+	读、写模式（可与其他模式组合使用）

缓冲区参数是一个整数，用于设置文件操作是否使用缓冲区。该参数的默认值为-1，表示使用缓冲存储，并使用系统默认的缓冲区大小；如果该参数设置为 0（仅适用于二进制文件），则表示不使用缓冲存储；如果该参数设置为 1（仅适用于文本文件），则表示使用行缓冲；如果该参数设置为大于 1 的整数，则表示使用缓冲存储，并且缓冲区大小由该参数指定。

编码参数用于指定文件所使用的编码格式，该参数只在文本模式下使用。该参数没有默认值，默认编码方式依赖于平台，在 Windows 平台上默认的文本文件编码格式为 ANSI。若要以 Unicode 编码格式创建文本文件，可将该参数设置为 "utf-32"；若要以 UTF-8 编码格式创建文件，可将该参数设置为 "utf-8"。

使用指定模式打开文件时，应注意以下几点。

（1）在打开模式参数中，字母 "t" 和 "b" 分别表示文本模式和二进制模式，对于文本模式，字母 "t" 也可以省略不写。字母 "r" "w" "a" 分别表示读取、写入和追加；加号 "+" 表示对打开文件进行更新，即可以对文件进行读、写操作。

（2）使用 "rt" 或 "rb" 模式打开文件时，只能从指定的文件中读取数据，而不能向该文件中写入数据，这种打开模式称为只读模式。以只读模式打开文件时，要求指定的文件必须已经存在，否则会出现 FileNotFoundError 错误。

（3）使用 "wt" 或 "wb" 模式打开文件时，只能向指定的文件中写入数据，而不能从该文件中读取数据，这种打开模式称为只写模式。以只写模式打开文件时，如果指定的文件不存在，系统则通过打开操作新建一个以指定文件名命名的文件；如果该文件已经存在，系统则通过打开操作删除并清空该文件，然后重新创建一个新文件。

（4）使用 "at" 或 "ab" 模式打开文件时，文件位置指针定位于文件末尾，此时将在保留原文件内容的情况下向指定文件的尾部添加新数据。如果指定的文件不存在，则新建一个文件并写入数据。

（5）使用 "rt+" 或 "rb+" 模式打开文件时，要求指定的文件必须已经存在；使用 "wt+" 或 "wb+" 模式打开文件时，如果指定文件已经存在，系统则会以新建的文件覆盖该文件，如果该文件不存在，则新建一个文件并进入读写操作；使用 "at+" 或 "ab+" 模式打开文件时，文件位置指针定位于文件末尾，此时可以读取文件或向文件中追加数据，如果该文件不存在，系统则新建一个文件并进行读写操作。

【例 7.1】 查看文件对象的成员示例。

要查看文件对象拥有哪些成员属性和成员方法，可以使用内置函数 open()以只写方式创建并打开一个新文件，然后通过遍历所返回的文件对象来查看它拥有哪些成员。为了获取与文件操作相关的成员，可以将那些名称中包含下画线的成员过滤掉。

代码实现：

```
file=open("demo.txt","wt")
i=0
for m in dir(file):
    if m.find("_")==-1:
        i+=1
        print(m,end=" ")
        if i%5 ==0:print()
```

运行结果：

```
buffer close closed detach encoding
errors fileno flush isatty mode
name newlines read readable readline
readlines reconfigure seek seekable tell
truncate writable write writelines
```

7.1.2 文件关闭

使用内置函数 open()成功地打开一个文件时会返回一个文件对象，该文件对象具有一些属性和方法，可以用来对所打开的文件进行各种操作。完成文件操作后，需要及时地关闭文件，以释放文件对象并防止文件中的数据丢失。

在 Python 中，可以通过调用文件对象的 close()方法来关闭文件，其调用格式如下：

```
文件对象.close()
```

close()方法用于关闭先前用 open()函数打开的文件，将缓冲区中的数据写入文件，然后释放文件对象。

文件关闭之后，便不能访问文件对象的属性和方法了。如果想继续使用该文件，则必须用 open()函数再次打开文件。

【例 7.2】 文件关闭示例。

代码实现：

```
#打开一个文件
file=open("demo.txt","rt")
print("执行 open()函数之后")
print("文件是否关闭：",file.closed)
file.close()
print("-"*50)
print("执行 close()方法之后")
print("文件是否关闭：",file.closed)
```

运行结果：

```
执行 open()函数之后
文件是否关闭： False
--------------------------------------------------
执行 close()方法之后
文件是否关闭： True
```

7.1.3 文件对象属性

一个文件被打开后，会返回一个文件对象，可以得到有关该文件的各种属性信息。如表 7-2 所示为文件对象常用属性列表。

表 7-2　文件对象常用属性列表

属 性	描 述
file.closed	如果文件已被关闭返回 true，否则返回 false
file.mode	返回被打开文件的访问模式
file.name	返回文件的名称
file.softspace	如果用 print()输出后，必须跟一个空格符，则返回 false，否则返回 true

【例 7.3】 文件对象属性示例。

代码实现：

```python
#打开一个文件
file = open("demo.txt", "w")
print("文件名：",file.name)
print("文件对象类型：",type(file))
print("文件缓冲区：",file.buffer)
print("文件打开模式：",file.mode)
print("文件是否关闭  : ", file.closed)
#print("末尾是否强制加空格 : ", fo.softspace)    # Python 3.x 版本中已经去除
```

运行结果：

```
文件名：demo.txt
文件对象类型：<class '_io.TextIOWrapper'>
文件缓冲区：<_io.BufferedWriter name='demo.txt'>
文件打开模式：w
文件是否关闭：False
```

7.1.4 文件常用操作方法

文本文件是基于字符编码的文件，常见的编码方式有 ASCII、Unicode 和 UTF-8 等。文本文件基本上采用定长编码，每个字符的编码是固定的，也有采用非定长编码的。在 Python 中，使用内置函数 open()以文本模式打开一个文件后，通过调用文件对象的相关方法很容易实现文本文件的读写操作。文件对象的常用方法如表 7-3 所示。

表 7-3　文件对象常用方法

方 法	功 能 说 明
close()	把缓冲区的内容写入文件，同时关闭文件，并释放文件对象
detach()	分离并返回底层的缓冲，底层缓冲被分离后，文件对象不再可用，不允许做任何操作
flush()	把缓冲区的内容写入文件，但不关闭文件
read([size])	从文本文件中读取 size 个字符（Python 3.x 版本）的内容作为结果返回，或从二进制文件中读取指定数量的字节并返回，结果省略 size 则表示读取所有内容

续表

方　　法	功 能 说 明
readable()	测试当前文件是否可读
readline()	从文本文件中读取一行内容作为结果返回
readlines()	把文本文件中的每行文本作为一个字符串存入列表中，返回该列表，对于大文件会占用较多内存，不建议使用
seek(offset[, whence])	把文件指针移动到新的位置，offset 表示相对于 whence 的位置；whence 为 0 表示从文件头开始计算，1 表示从当前位置开始计算，2 表示从文件尾开始计算，默认为 0
seekable()	测试当前文件是否支持随机访问，如果文件不支持随机访问，则调用方法 seek()、tell() 和 truncate() 时会抛出异常
tell()	返回文件指针的当前位置
truncate([size])	删除从当前指针位置到文件末尾的内容。如果指定了 size，则不论指针在什么位置都只留下前 size 个字节，其余的一律删除
write(s)	把字符串 s 的内容写入文件
writable()	测试当前文件是否可写
wirtelines(s)	把字符串列表写入文本文件，不添加换行符

【例 7.4】　向文本文件中写入内容，然后再读出。

代码实现：

```
#字符串中的 “\n” 为换行符
s = 'Hello world\n 文本文件的读取方法\n 文本文件的写入方法\n'
with open('demo.txt', 'w') as fp:
    fp.write(s)
with open('demo.txt') as fp:
    print(fp.read())
```

运行结果：

```
Hello world
文本文件的读取方法
文本文件的写入方法
```

【例 7.5】　读取并显示文本文件的前 5 个字符。

代码实现：

```
f=open('demo.txt', 'r')
s=f.read(5)     #读取文件的前 5 个字符
f.close()
print('s=',s)
print('字符串 s 的长度（字符个数）=', len(s))
```

运行结果：

```
s= Hello
字符串 s 的长度（字符个数）= 5
```

【例 7.6】　读取并显示文本文件的所有行。

代码实现：

```
f=open('demo.txt', 'r')
while True:
```

```
        line=f.readline()
        if line=='':
            break
        print(line,end= '')
f.close()

#当然，也可以用以下写法来实现
f=open('demo.txt', 'r')
li=f.readlines()
for line in li:   #文件对象可以直接迭代
        print(line,end='')
f.close()
```

运行结果：

```
Hello world
文本文件的读取方法
文本文件的写入方法
```

文件对象的方法主要用于对文件内容的读写。Python 的 os 模块除了提供使用操作系统功能和访问文件系统的简便方法，还提供了大量文件操作的方法，如表 7-4 所示。os.path 模块提供了大量用于路径判断、切分、连接及文件夹遍历等文件操作方法，如表 7-5 所示。

表 7-4　os 模块常用文件操作方法

方　　法	功 能 说 明
access(path,mode)	测试是否可以按照 mode 指定的权限访问文件
open(path,flage,mode=0o777,*,dir_fd=None)	按照 mode 指定的权限打开文件，默认权限为可读、可写、可执行
chmod(path,mode,*,dir_fd=None,follow_symlinks=True)	改变文件的访问权限
curdir	当前文件夹
environ	包含系统环境变量和值的字典
extsep	当前操作系统所使用的文件扩展名分隔符
get_exec_path()	返回可执行文件的搜索路径
getcwd()	返回当前工作目录
listdir(path)	返回 path 目录下的文件和目录列表
mkdir(path[,mode=0777])	创建目标，要求上级目录必须存在
makedirs(path1/path2...,mode=511)	创建多级目录，会根据需要自动创建中间缺失的目录
chdir(path)	把 path 设为当前工作目录
rmdir(path)	删除目录，目录中不能有文件或子文件夹
remove(path)	删除指定的文件，要求用户拥有删除文件的权限，并且文件没有只读或其他特殊属性
stat(path)	返回文件的所有属性
startfile(filepath[,operation])	使用关联的应用程序打开指定文件或启动指定应用程序

表 7-5　os.path 模块常用文件操作方法

方　法	功 能 说 明
abspath(path)	返回给定路径的绝对路径
dirname(p)	返回给定路径的文件夹部分
exists(path)	判断文件是否存在
getatime(filename)	返回文件的最后访问时间
getctime(filename)	返回文件的创建时间
getmtime(filename)	返回文件的最后修改时间
getsize(filename)	返回文件的大小
isabs(path)	判断 path 是否为绝对路径
isdir(path)	判断 path 是否为文件夹
isfile(path)	判断 path 是否为文件
join(path,*paths)	连接两个或多个 path
split(path)	以路径中的最后一个斜线为分隔符把路径分隔成两部分，以元组形式返回
splitext(path)	从路径中分隔文件的扩展名
splitdrive(path)	从路径中分隔驱动器的名称

下面通过几个示例来演示 os 和 os.path 模块的用法。

```
>>> import os
>>> import os.path
>>> os.path.exists('test1.txt')                          #判断当前目录下的 test1.txt 文件是否存在
False
>>> os.rename('c:\\test1.txt', 'd:\\test2.txt')          #此时"c:\\test1.txt"不存在
出错信息
>>> os.rename('c:\\dfg.txt', 'd:\\test2.txt')            #可以实现文件的改名和移动
>>> os.path.exists('c:\\dfg.txt')
False
>>> os.path.exists('d:\\dfg.txt')
False
>>> os.path.exists('d:\\test2.txt')
True
>>> path='d:\\mypython_exp\\new_test.txt'
>>> os.path.dirname(path)
'd:\\mypython_exp'
>>> os.path.split(path)
('d:\\mypython_exp', 'new_test.txt')
>>> os.path.splitdrive(path)
('d:', '\\mypython_exp\\new_test.txt')
>>> os.path.splitext(path)
('d:\\mypython_exp\\new_test', '.txt')
>>> [fname for fname in os.listdir(os.getcwd()) if os.path.isfile(fname) and fname.endswith('.pyc')]
#列出当前目录下所有扩展名为.pyc 的文件
['consts.pyc', 'database_demo.pyc', 'nqueens.pyc']
```

Python 程序设计案例教程

7.1.5 目录常用操作方法

除了支持文件操作，os 和 os.path 模块还提供了大量的目录操作方法，os 模块常用目录操作方法如表 7-6 所示，可以通过 dir(os.path)查看 os.path 模块更多关于目录操作的方法。

表 7-6　os 模块常用目录操作方法

方 法 名 称	功 能 说 明
mkdir(path[,mode=0777])	创建目录
makedirs(path1/path2...,mode=511)	创建多级目录
rmdir(path)	删除目录
removedirs(path1/path2...)	删除多级目录
listdir(path)	返回指定目录下所有文件和目录信息
getcwd()	返回当前工作目录
chdir(path)	修改 path 为当前工作目录
walk(top,topdown=True,onrror=None)	遍历目录树

下面的代码演示了如何使用 os 模块的方法来查看、改变当前工作目录，以及创建和删除目录。

```
>>> import os
>>> os.getcwd()                        #返回当前工作目录
'C:\\Python38'
>>> os.mkdir(os.getcwd()+'\\temp')      #创建目录
>>> os.chdir(os.getcwd()+'\\temp')      #改变当前工作目录
>>> os.getcwd()
'C:\\Python38\\temp'
>>> os.mkdir(os.getcwd()+'\\test')
>>> os.listdir('.')                     #返回当前目录下的文件和目录信息
['test']
>>> os.rmdir('test')                    #删除目录
>>> os.listdir('.')
[]
```

如果需要遍历指定目录下所有子目录和文件，可以使用递归的方法，例如：

```
#递归遍历文件夹
import os
def visitDir(path):
    if not os.path.isdir(path):
        print('Error:'",path,"' is not a directory or does not exist.')
        return
    for lists in os.listdir(path):
        sub_path = os.path.join(path, lists)
        print(sub_path)
        if os.path.isdir(sub_path):
```

```
            visitDir(sub_path)
visitDir('D:\\test')
```

使用 os.walk()方法遍历指定目录下的所有子目录和文件，代码如下：

```
import os
def visitDir(path):
    if not os.path.isdir(path):
        print('Error:'",path,"' is not a directory or does not exist.')
        return
    list_dirs = os.walk(path)               #os.walk 返回一个元组，包括 3 个元素：所有路径名、
                                            #所有目录列表与文件列表
    for root, dirs, files in list_dirs:     #遍历该元组的目录和文件信息
        for d in dirs:
            print(os.path.join(root, d))    #获取文件的完整路径
        for f in files:
            print(os.path.join(root, f))    #获取文件的绝对路径
visitDir('E:\\music')
```

 巩固提高

1．打开本地文件 e://lines.txt，查看其文件属性。

2．写入一个字符串到本地文件 e://a.txt 中，再读该文件数据到程序。

7.1 巩固提高答案

7.2　CSV文件

CSV（Comma-Separated Values，逗号分隔值）格式是一种通用的、相对简单的文本文件格式，通常用于在程序之间转移表格数据，被广泛应用于商业和科学领域。

7.2.1　CSV文件简介

CSV 文件是一种文本文件，由任意数目的行组成，一行被称为一条记录。记录间以换行符分隔，每条记录由若干数据项组成，这些数据项被称为字段。字段间的分隔符通常是逗号，也可以是制表符或其他符号。通常，所有记录都有完全相同的字段序列。

CSV 格式存储的文件一般采用.csv 为扩展名，可以通过 Excel 或记事本打开，也可以在其他操作系统平台上用文本编辑工具打开。一般的表格处理工具（如 Excel）都可以将数据另存为或导出为 CSV 格式，以便在不同工具间进行数据交换。

CSV 文件的特点如下。

● 读取出的数据一般为字符类型，如果要获得数值类型，需要用户进行转换。

● 以行为单位读取数据。

● 列之间以半角逗号或制表符分隔，通常是半角逗号。

● 每行开头不留空格，第一行是属性，数据列之间用分隔符隔开，无空格，行之间无空行。

CSV 文件是纯文本文件，可以使用记事本按照 CSV 文件的规则来建立，也可以使用 Excel 工具录入数据，再另存为 CSV 文件即可。使用 score.csv 文件内容的示例如下所示，该

文件保存在用户的工作文件夹下。

```
Name, DEP, Eng, Math, Chinese
Rose, 法学, 89, 78, 65
Mike, 历史, 56, , 44
John, 数学, 45, 65, 67
```

7.2.2　CSV文件读写

Python 提供了一个读/写 CSV 文件的标准库，可以通过 import csv 语句导入，csv 库包含了操作 CSV 格式文件最基本的功能，典型的方法是 csv.reader()和 csv.writer()，分别用于读和写 CSV 文件。因为 CSV 文件格式相对简单，读者也可以自行编写操作 CSV 文件的方法。

◉ 1．数据的维度描述

CSV 文件主要用于数据的组织和处理。根据数据表示的复杂程度和数据间关系的不同，可以将数据划分为一维数据、二维数据和多维数据等 3 种类型。

一维数据即线性结构，也称线性表，表现为 n 个数据项组成的有限序列，这些数据项之间体现为线性关系，即除了序列中的第一个元素和最后一个元素，序列中的其他元素都有一个前驱和一个后继。在 Python 中，可以用列表、元组等描述一维数据。例如，下面的代码是对一维数据的描述。

```
lst1=['a','b', '1',100]
tup1=(1,3,5,7,9)
```

二维数据也称关系，与数学中的二维矩阵类似，可用表格方式组织。用列表和元组描述一维数据时，如果一维数据中的每个数据项又是序列，就构成了二维数据。例如，下面的代码是用列表描述的二维数据。

```
lst2=[[1,2,3,4],['a','b','c'],[−9,−37,100]]
```

二维数据可以理解为特殊的一维数据，通常更适合用 CSV 文件存储。

多维数据由键值对类型的数据构成，采用对象方式组织，属于维度更高的数据组织方式。下面的代码是用集合组织的多维数据。

```
tup2=(((1,2,3),(−1,−2,−3),('a','b','c')),((−100,−200),('ab','bc')))
```

多维数据以键值对的方式表示如下：

```
"成绩单":[
            {"姓名":"Rose",
             "专业":"数学",
             "score":"78"
             }
            {"姓名":"Mike",
             "专业":"法学",
             "score":"78"
             }
            {"姓名":"John"
             "专业":"历史",
             "score":"90"
             }
            ]
```

其中，数据项 score 可以进一步用键值对形式描述，形成多维的复杂数据。

2. 向 CSV 文件中写入和读取一维数据

用列表变量保存一维数据时，可以使用字符串的 join()方法构成逗号分隔的字符串，再通过文件的 write()方法保存到 CSV 文件中。读取 CSV 文件中的一维数据，即读取一行数据，使用文件的 read()方法即可，也可以将文件的内容读取到列表中。

【例 7.7】 将一维数据写入 CSV 文件中，并读取。

代码实现：

```
#向 CSV 文件中写入一维数据，并读取
lst1 = ["name","age","school","address"]
filew= open('asheet.csv','w')
filew.write(",".join(lst1))
filew.close()
filer= open('asheet.csv','r')
line=filer.read()
print(line)
filer.close()
```

运行结果：

```
name,age,school,address
```

3. 向 CSV 文件中写入和读取二维数据

csv 模块中的 reader()和 writer()方法提供了读和写 CSV 文件的操作。需要注意的是，在写入 CSV 文件的方法中，指定 newline=""选项，可以防止向文件中写入空行。在下面的例 7.8 中，文件操作时使用了 with 上下文管理语句，文件处理完毕后，将被自动关闭。

【例 7.8】 CSV 文件中二维数据的读/写。

代码实现：

```
#使用 csv 模块写入和读取二维数据
datas = [['Name', 'DEP', 'Eng','Math', 'Chinese'],
  ['Rose', '法学', 89, 78, 65],
  ['Mike', '历史', 56,'', 44],
  ['John', '数学', 45, 65, 67]
]
import csv
filename = 'bsheet.csv'
with open(filename, 'w',newline="") as f:
    writer = csv.writer(f)
    for row in datas:
        writer.writerow(row)
ls=[]
with open(filename,'r') as f:
    reader = csv.reader(f)
    #print(reader)
    for row in reader:
        print(reader.line_num, row)      #行号从 1 开始
```

```
        ls.append(row)
    print(ls)
```

运行结果：

```
1 ['Name', 'DEP', 'Eng', 'Math', 'Chinese']
2 ['Rose', '法学', '89', '78', '65']
3 ['Mike', '历史', '56', '', '44']
4 ['John', '数学', '45', '65', '67']
[['Name', 'DEP', 'Eng', 'Math', 'Chinese'], ['Rose', '法学', '89', '78', '65'], ['Mike', '历史', '56', '', '44'], ['John', '数学', '45', '65', '67']]
```

程序的运行结果中第一部分是打印在屏幕上的二维数据，并显示了行号；第二部分打印的是列表。上面的显示结果中包括了列表的符号，也包括了数据项外面的引号，下面的例 7.9 将进一步进行处理。

【例 7.9】 处理 CSV 文件的数据，显示整洁的二维数据。

代码实现：

```
#使用内置 csv 模块写入和读取二维数据
datas = [['Name', 'DEP', 'Eng','Math', 'Chinese'],
 ['Rose', '法学', 89, 78, 65],
 ['Mike', '历史', 56,'', 44],
 ['John', '数学', 45, 65, 67]
]
import csv
filename = 'bsheet.csv'
str1 = ''
with open(filename,'r') as f:
    reader = csv.reader(f)
    #print(reader)
    for row in reader:
        for item in row:
            str1+=item+'\t'              #增加数据项间距
        str1+='\n'                       #增加换行
        print(reader.line_num, row)      #行号从 1 开始
    print(str1)
```

运行结果：

```
1 ['Name', 'DEP', 'Eng', 'Math', 'Chinese']
2 ['Rose', '法学', '89', '78', '65']
3 ['Mike', '历史', '56', '', '44']
4 ['John', '数学', '45', '65', '67']
```

Name	DEP	Eng	Math	Chinese
Rose	法学	89	78	65
Mike	历史	56		44
John	数学	45	65	67

程序运行结果中第一部分（前 4 行）显示的是列表形式结果，第二部分（后 4 行）显示的是清晰的二维数据。

巩固提高

1. 将以下数据写入到本地文件 e:\\a.csv 中。

7.2 巩固提高答案

学号　姓名　年龄

01　张三　35

02　里斯　35

03　王五　45

2. 读出上题中存储的文件 e:\\a.csv 数据，并输出。

7.3　JSON文件

JSON（JavaScript Object Notation）是一种轻量级数据交换格式，是基于ECMAScript的一个子集。JSON 采用完全独立于语言的文本格式，但是也使用了类似于 C 语言家族的习惯（包括 C、C++、C#、Java、JavaScript、Perl 和 Python 等）。这些特性使 JSON 成为理想的数据交换语言，易于人们阅览和编写，同时也易于机器解析和生成。

7.3.1　JSON数据

JSON 数据的书写格式是键（字段名称）值对。JSON 键值对是用来保存 JS 对象的一种方式，和 JS 对象的写法大同小异，键值对包括字段名称（在双引号中），后面写一个冒号，然后是值。JSON 值可以是字符串（在双引号中）、数组（在中括号中）、数字（整数或浮点数）、逻辑值（True 或 False）、对象（在大括号中）、Null。

JSON 数据的结构有两种：对象和数组。对象是一个无序键值对的集合，以"{"开始，以"}"结束，键和值之间以":"相隔，不同的键值对之间以","相隔。数组是值的有序集合，以"["（左中括号）开始，"]"（右中括号）结束，值之间使用","（逗号）分隔。通过这两种结构可以表示其他各种复杂的结构。

如{"province": "Shanxi"}可以理解为一个包含 province 为 Shanxi 的对象，["Shanxi", "Shandong"]为一个包含两个元素的数组，而[{"province": "Shanxi"},{"province": "Shandong"}]就表示包含两个对象的数组。当然了，也可以使用{"province":["Shanxi", "Shandong"]}来简化上面的 JSON，这是一个拥有 name 数组的对象。

下面是一小段 JSON 代码：

```
{"skillz": {"web":[ {"name": "html",  "years": "5"}, {"name": "css",  "years": "3" }],"database":[ {"name": "sql", "years": "7"}]}}
```

其中，花括弧表示一个"容器"，方括号装载数组，键和值用冒号隔开，数组元素通过逗号隔开。

7.3.2　JSON数据解析

在 Python 3.x 版本中可以使用 json 模块来对 JSON 数据进行编/解码，它包含两个方法：json.dumps()方法对数据进行编码和 json.loads()方法对数据进行解码。

在 JSON 的编/解码过程中，Python 的原始类型与 JSON 类型会相互转换，具体的转换对照如表 7-7 和表 7-8 所示。

表 7-7 Python 编码为 JSON 类型转换对应表

JSON	Python
object	dict
array	list
string	str
number(int)	int
number(real)	float
true	True
false	False
null	None

表 7-8 JSON 解码为 Python 类型转换对应表

Python	JSON
dict	object
list, tuple	array
str	string
int,long,folat	number
True	true
Flase	false
None	null

下面通过示例来了解 json.dumps() 和 json.loads() 方法。

【例 7.10】 使用 json.dumps() 方法将 data 数据编码成 JSON 字符串，再使用 json.loads() 方法将 JSON 字符串解析成原来的 data 数据。

代码实现：

```
import json
data=[{'a':1,'b':2,'c':3}]                    #构造一个简单字典和列表嵌套的数据
json_data = json.dumps(data) #编码成 JSON
print(json_data)
print(type(json_data))
python_obj = json.loads(json_data)            #解析成 Python 对象
print(python_obj)
print(type(python_obj))
```

运行结果：

```
[{'a':1, 'b':2, 'c':3}]
class 'str'
[{'a':1, 'b':2, 'c':3}]
class 'list'
```

通过以上输出结果可以看出，json.dumps() 和 json.loads() 方法实现了 Python 对象与 JSON 字符串之间的相互转换。

7.3.3 JSON文件读写

要在 Python 中操作或处理 JSON 文件，需要用到 Python 的内置模块 json。

在 json 模块中，最常用的两个方法是将 Python 对象编码成 JSON 字符串的 json.dumps() 方法和将 JSON 字符串解码为 Python 对象的 json.loads()方法。要将 Python 对象编码存放到.json 文件中，需要用到 json.dump()方法；若要从. json 文件中将内容解析成 Python 对象，则需要用到 json.load()方法。JSON 文件常用方法如表 7-9 所示。

表 7-9　JSON 文件常用方法

方　　法	描　　述
json.dump()	将 Python 对象编码存入.json 文件中
json.dumps()	将 Python 对象编码成 JSON 字符串
json.load()	将.json 文件解析成 Python 对象
json.loads()	将编码的 JSON 字符串解码为 Python 对象

【例 7.11】将学生数据文件 student.txt 转换为 JSON 格式，然后写入 student.json 文件中。Student.txt 文本文件内容如下：

```
姓名 年龄 成绩
张三 16 85
李四 16 77
韩梅梅 17 93
李雷 17 59
```

分析：

● 使用 json 模块的方法实现。

● 将 student.txt 文件中的数据写入 student.json 文件中，先将内容放入 Python 的数据结构中（字典和列表），之后再对这个 Python 对象进行转换并写入 JSON 文件中。

● 将这种类似表格的数据转换为 JSON 数据，比较好的做法是将 student.txt 文件中的每一行数据写入一个字典中，最后将所有字典存入一个列表中。

实现步骤：

（1）打开 student.txt 文件，按行循环遍历内容。

（2）将第一行内容（数据列名）当作每个字典的键，将其他行作为字典的值。

（3）将所有的字典放在一个列表中。

（4）打开 student.json 文件，利用 json.dump()方法对该列表进行 JSON 编码并放入文件中。

代码实现：

```
import json
with open('student.txt','r',encoding='utf-8') as f:
content = []                      #建立空列表待用
content_json = []                 #建立空列表待用
for line in f.readlines():
line_list = line.strip('\n').split(' ')
content.append(line_list)         #将.txt 文件内容存入列表中
```

```
keys = content[0]                         #将第一行内容取名为 keys，待用
for i in range(1,len(content)):
content_dict={}                           #将其他行内容建立为字典
for k,v in zip(keys,content[i]):
content_dict[k] = v                       #给字典的条目赋值
content_json.append(content_dict)         #将所有数据字典放入列表中
print(content_json)
with open('student.json',mode='w') as j:
json.dump(content_json,j)
```

运行完代码后，可以在同级路径下找到 student.json 文件，打开之后的内容如下：

[{"\u59d3\u540d":"\u5f20\u4e09","\u5e74\u9f84":"16","\u6210\u7ee9":"85"},
{"\u59d3\u540d":"\u674e\u56db","\u5e74\u9f84":"16","\u6210\u7ee9":"77"},
{"\u59d3\u540d":"\u97e9\u6885\u6885","\u5e74\u9f84":"17","\u6210\u7ee9":"93"},
{"\u59d3\u540d":"\u674e\u96f7", "\u5e74\u9f84": "17", "\u6210\u7ee9": "59"}]

可以看出，文件内容已经全部保存到 student.json 文件中了，并被自动编码为 Unicode 格式，这时若要重新将文件中的内容解析为 Python 的列表，只需要用 json.load()方法即可。

在例 7.11 中用到了 zip()方法，zip()方法接收多个可迭代对象作为参数，然后将对象中对应位置的元素组合成一个个元组,返回由这些元组组成的列表,如 zip(['a', 'b', 'c'], ['a', 'b', 'c']) 返回的结果是[('a', 'a'), ('b', 'b'), ('c', 'c')]。

 巩固提高

1. 从如下 JSON 字符串中提取出"你好"。

7.3 巩固提高答案

```
{
  "trans_result": {
    "data": [
      {
        "dst": "你好",
        "prefixWrap": 0,
        "result": [
          [
            0,
            "你好",
            [
              "0|5"
            ],
            [],
            [
              "0|5"
            ],
            [
              "0|6"
            ]
          ]
```

```
        ],
        "src": "hello"
      }
    ],
    "from": "en",
    "status": 0,
    "to": "zh",
    "type": 2,
    "phonetic": [
      {
        "src_str": "你",
        "trg_str": "nǐ "
      },
      {
        "src_str": "好",
        "trg_str": "hǎ o"
      }
    ]
  }
}
```

2．将如下 JSON 数据存储到本地 e:\\hello.json 文件中。

```
{
"name":"张三",
"sex":"男",
"age":25
},
{
"name":"李四",
"sex":"女",
"age":36
}
```

7.4　素质拓展

在全国计算机等级考试二级"Python 语言程序设计"考试中，文件和数据格式化部分明确指出要求掌握如下内容。

➢ 文件的使用：文件打开、读写和关闭。

➢ 数据组织的维度：一维数据和二维数据。

➢ 一维数据的处理：表示、存储和处理。

➢ 二维数据的处理：表示、存储和处理。

➢ 采用 CSV 格式对一二维数据文件的读写。

【拓展训练】

7.4 拓展训练答案

➔ 一、选择题

1．以下选项中不是 Python 文件读操作方法的是（　　）。

    A．readline()　　　　　B．readlines()　　　　　C．readtext()　　　　　D．read()

2．假设 city.csv 文件内容如下：

巴哈马,巴林,孟加拉国,巴巴多斯
白俄罗斯,比利时,伯利兹

下面代码的运行结果是（　　）。

```
f = open("city.csv", "r")
ls = f.read().split(",")
f.close()
print(ls)
```

    A．['巴哈马', '巴林', '孟加拉国', '巴巴多斯\n 白俄罗斯', '比利时', '伯利兹']

    B．['巴哈马, 巴林, 孟加拉国, 巴巴多斯, 白俄罗斯, 比利时, 伯利兹']

    C．['巴哈马', '巴林', '孟加拉国', '巴巴多斯', '\n', '白俄罗斯', '比利时', '伯利兹']

    D．['巴哈马', '巴林', '孟加拉国', '巴巴多斯', '白俄罗斯', '比利时', '伯利兹']

3．以下程序的运行结果是（　　）。

```
fo = open("text.txt",'w+')
x,y ='this is a test','hello'
fo.write('{}+{}\n'.format(x,y))
print(fo.read())
fo.close()
```

    A．this is a test hello　　　　　　　　　　B．this is a test

    C．this is a test,hello.　　　　　　　　　　D．this is a test+hello

4．文件 dat.txt 中的内容如下：

QQ&Wechat
Google & Baidu

以下程序的运行结果是（　　）。

```
fo = open("tet.txt",'r')
fo.seek(2)
print(fo.read(8))
fo.close()
```

    A．Wechat　　　　　　B．Wechat G　　　　　C．Wechat Go　　　　　D．&Wechat

5．以下关于文件的描述，错误的是（　　）。

    A．二进制文件和文本文件的操作步骤都是"打开—操作—关闭"

    B．open()打开文件之后，文件的内容并没有在内存中

    C．open()只能打开一个已经存在的文件

    D．文件读写之后，要调用 close()方法才能确保文件被保存在磁盘中了

6. 以下程序输出到文件 text.csv 中的结果是（　　　）。

```
fo = open("text.csv",'w')
x = [90,87,93]
fo.write(",".join(str(x)))
fo.close()
```

    A．[90,87,93]   B．90,87,93

    C．,9,0,,, ,8,7,,, ,9,3,   D．[,9,0,,, ,8,7,,, ,9,3,]

7. 以下关于文件的描述，错误的选项是（　　　）。

    A．readlines()函数读入文件内容后返回一个列表，元素划分依据是文本文件中的换行符

    B．read()一次性读入文本文件的全部内容后，返回一个字符串

    C．readline()函数读入文本文件的一行，返回一个字符串

    D．二进制文件和文本文件都是可以用文本编辑器编辑的文件

8. 有一个文件记录了 1000 个人的高考成绩总分，每一行信息长度是 20 字节，要想只读取最后 10 行的内容，不可能用到的函数是（　　　）。

    A．seek()   B．readline()   C．open()   D．read()

第8章 面向对象基础

到这章我们已经进入程序设计中比较抽象的部分——程序设计方法。程序设计方法也被称为程序设计范式,它主要讨论的是开发者如何组织他们的代码;或者说,程序设计方法就是组织程序的基本思想。自20世纪50年代以来,计算机开始变得越来越复杂,而与之配套的软件也朝着更为复杂的方向发展,其发展速度甚至超过了计算机硬件本身,最终在60年代爆发了"软件危机"。为了解决软件复杂性问题,软件工程师提出很多方法来应对这一窘境。软件设计方法,或者说软件设计范式就是其中之一。

目前主流的软件设计方法有面向过程程序设计及面向对象程序设计。此外,函数式编程、泛型编程等程序设计方法也在很大范围内使用。这里要说明的是,程序设计方法没有最好的,一个软件项目尤其是大型软件项目往往会用到很多程序设计方法,而不是单一设计方法,针对不同问题需要分析并选择最匹配的程序设计方法,软件工程领域目前还不存在万能的设计方法。

Python作为一个通用编程语言,它支持现在常见的编程设计方法,包括面向过程、面向对象、函数式编程、泛型编程等。本章我们将学习如何使用Python进行面向对象的编程。

学习目标

- 了解面向对象编程的概念。
- 理解封装、继承、多态的概念。
- 掌握Python中类的使用。
- 能够分析问题并设计相应的类。
- 能灵活使用系统及第三方提供的类库。

8.1 面向对象概念

在数据结构中有一个概念就是"程序(Program)=数据结构(Data Structure)+算法(Algorithm)",可以看出程序中两个重要的部分是"数据结构"及"算法"。在对早期的软件开发实践进行总结与分析后,最早提出的结构化程序设计方法就是"面向过程程序设计",其思路就是将程序设计问题分解为描述问题的数据结构及解决问题的算法,该设计方法非常成功,促进了软件领域的长足发展,并且在当今软件设计方法中也占据重要地位。

"面向过程程序设计"很成功,那为什么还需要"面向对象程序设计"呢?这是因为在使用过程中发现"面向过程程序设计"有一些自身不能解决的问题,比如对大型软件项目的支持、代码的复用、数据与算法分离不符合日常思维习惯、不便于问题的分析与建模等。为了解决上述问题,又提出了"面向对象程序设计"。下面将通过 Python 语言学习相关的概念。

8.1.1　类和对象

面向对象程序设计（Object Oriented Programming，OOP）是一种程序设计范式。面向对象是把构成问题的事物分解成各个对象，建立对象的目的不是完成一个步骤，而是描叙某个事物在整个解决问题的过程中的行为。通俗一点来讲，面向过程程序设计主要考虑解决一个问题需要哪些步骤；而面向对象程序设计主要考虑解决一个问题需要哪些角色（对象）的参与，以及它们之间应该如何交互。面向对象程序设计实现了重用性、灵活性和扩展性。

在面向对象程序设计中，有两种实现对象的方式：一种是基于原型的方式，另一种是基于类的方式。Python 语言使用的是基于类的实现方式。

基于类的面向对象编程语言是构建在两个不同实体概念上的，即类和对象。

● 类（class）：类是具有相同属性和方法对象的抽象描述，形象地说，所谓"类"就是开发者自定义的数据类型，属性就是这个类型的具体实例都包含的数据成员，方法是实例具有的行为。

● 对象（object or instance）：对象也称为实例，它是通过类定义的数据结构实例。对象包括由类中定义属性的具体值和作用在这些具有具体值上的方法。

下面我们通过一个具体的例子来了解什么是类与对象。

【例 8.1】　我们需要为动物园开发一个管理动物的系统，比如需要在程序中表示并处理"大象"这种动物。大象作为一类动物，它有很多不同的个体，但是这些不同个体都具有相似的属性，也具有相似的行为。

分析思路：

（1）首先把"大象"个体的共性提取出来，经过分析发现大象都有体重、体长等共通的属性，不同大象之间只是在这些共性的基础上有不同的取值而已，为了区别每头大象，还可以给大象一个编号或者名字。

（2）然后分析一下"大象"都具有哪些共通的行为，经过分析发现大象都能进行的动作有移动、进食、休息等。这些行为都相同，只是每个行为的影响可能有差别，比如成年象可能移动得快一些，幼年象移动得慢一些等。

（3）最后，把分析的结果用图的方式表示出来，如图 8-1 所示。

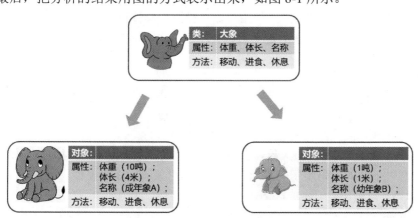

图 8-1　类与对象之间的一个简化的模型

图 8-1 就是类与对象的一个简化的模型，要在 Python 中使用类与对象，就需要用到类和对象的定义方法。

8.1.2 类的定义

Python 中提供了定义类的专用保留字（class），其语法格式如下：

```
class 类名:
    类成员列表
```

class 保留字说明这里的代码是要定义一个类，class 保留字后面的类名是这个类的标识符，类名需要符合 Python 关于标识符的要求。类名后面接冒号（:），下面一行开始就是类的成员列表，包括类成员变量、类的方法等的定义。

【例 8.2】 定义一个大象类。

代码实现：

```
class elephant:
    pass
```

这里定义了一个大象类，是一个不包含任何信息的空类。现在有了类，下一步就是如何使用类来创建一个实例对象。在 Python 中使用类来创建实例对象的方式如下：

```
对象名 = 类名()
```

【例 8.3】 使用大象类（elephant）创建一个对象。

代码实现：

```
class elephant:
    pass
dumbo = elephant()        #使用 elephant 创建对象
print(dumbo)              #输出对象的地址
```

运行结果：

```
<__main__.elephant object at 0x000001CFACCDBDD8>
```

创建对象的方式和函数的调用方式很相似。只是这样的空类看起来没有什么实际的作用，我们要在此基础上为大象类添加它的属性及方法。

在 Python 中为类添加属性有两种方式：一种方式是通过类属性为对象添加属性；另一种方式是直接通过对象来添加属性。使用对象直接添加属性往往需要和一些特殊的方法相配合，所以放到后面在学习了方法的定义后再去学习。这里先学习如何使用类属性来为对象添加属性，语法格式如下：

```
class 类名:
    属性名 = 初始值
    属性名 = 初始值
        ...
```

【例 8.4】 动物园中的每头大象，都有自己的名称、体重、体长等信息，如何使用类来管理这些信息？下面的代码展示的是通过类属性为对象添加 3 个属性。

代码实现：

```
class elephant:
    name = "名称"        #大象名称
    weight =  "重量"      #大象体重
    length =  "体长"      #大象体长
```

```
dumbo = elephant()     #创建一个大象类（elephant）的实例对象
dumbo.name = "丹波"
dumbo.weight = "200kg"
dumbo.length = "1m"
print(dumbo.name,dumbo.weight ,dumbo.length)
```

运行结果：

丹波　200kg 1m

　　类属性提供了统一定义对象属性的方式。但是类属性实际上不是对象的属性，而是类的属性，Python 在使用类创建对象时，会复制一份类的属性作为对象的属性，这样就起到了定义对象属性的效果。这里要注意的是，类属性在其他语言中对应的概念是"类静态属性/类静态成员"，类属性更多的作用是存储同一个类所有对象共享的状态。

　　要理解 Python 中的类属性与对象属性的关系可以参考图 8-2。要注意的是，这个过程不是简单的复制属性值，而是一个比较复杂的属性查找过程，其中涉及 Python 中类的特殊方法及对象的特殊属性，如类的__getattribute__()方法、对象的__dict__属性等，这里不再展开。为了方便理解，我们可以简单理解为属性值的复制。

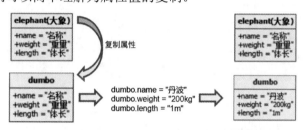

图 8-2　复制类属性为对象属性

　　类方法也被称为成员函数，它实际上是一种和特定类及类的实例对象绑定的函数，这种函数只能在类的内部定义，并且调用时需要类的实例 —— 对象来调用。在类中定义方法的语法格式如下：

```
class 类名:
    def    方法名称(self,参数列表):
        方法代码
```

　　定义方法实际上就是将函数定义放在类的块中，这样函数就成了类的方法。除此之外，方法的第一个参数一定是 self 参数，self 参数代表类的一个具体实例，而非类本身。

　　【例 8.5】　为大象类添加一个移动方法，下面的代码展示了如何定义一个方法。

代码实现：

```
class elephant:
    name = "名称"
    weight =    "重量"
    length =    "体长"
    #大象类的移动方法
    def move(self):
        print("大象'{name}'正在移动".format(name=self.name))
dumbo = elephant()
```

```
dumbo.name="丹波"
dumbo.move()
```
运行结果：

丹波正在移动

这里定义一个移动方法 move()，其中只有一个代表当前具体对象的 self 参数。该方法只是简单地根据当前对象的信息打印出一段文字。这里的 self 参数实际就是表示当前是哪个对象在调用方法，详细介绍见后面的对象小节。

我们在前面说过为对象添加属性有两种方法，一种是使用类属性，还有一种就是通过对象直接添加对象属性。在 Python 中类的实例对象在创建后，是可以继续添加属性的。来看下面这个例子。

【例 8.6】 使用空的大象类来创建两个对象，并为其中一个对象添加类中没有的属性。

代码实现：

```
class elephant:
        pass
dumbo = elephant()
nangi = elephant()
dumbo.weight = "200kg"
print(dumbo.weight)
print(nangi.weight)
```
运行结果：

200kg

AttributeError: 'elephant' object has no attribute 'weight'

可以看出，dumbo 和 nangi 都是使用空的 elephant 类创建的对象。在创建后，使用赋值语句为 dumbo 对象添加了一个属性，而 nangi 对象没有添加。最后输出对象的体重（weight）属性，可以看到 dumbo 对象正确地输出了体重（weight）属性的值"200kg"，在输出 nangi 对象体重（weight）属性时抛出了属性异常。

从本例可以看出，对象在创建后可以继续添加原来没有的属性，添加的属性只对当前对象有效。如果通过对象来添加属性很可能出现同一个类的不同对象之间有不同的属性的问题，那么如何在使用对象添加属性的同时，又保证同一个类的所有对象拥有相同的属性？

为了解决这个问题，我们需要用到一个特殊的方法——初始化方法__init__()，该方法在创建类实例对象时会自动调用一次，也被称为构造方法。在该方法中，通过 self 参数代表一个实例对象，来为当前类添加属性。

【例 8.7】 通过初始化方法为大象添加 3 个属性。

代码实现：

```
class elephant:
    def __init__(self,name,weight,length):
        self.weight = weight      #体重
        self.length = length      #体长
        self.name = name          #名称
    #大象类的移动方法
    def move(self):
        print("大象'{name}'正在移动".format(name=self.name))
```

在这里，初始化方法__init__()除接收代表当前对象的 self 参数外，还声明了 3 个参数分别代表名称、体重和体长，并通过赋值的方式给 self 所代表的对象添加属性。

我们在前面说过，初始化方法__init__()会在对象创建时自动调用一次，那么，我们定义__init__()函数时声明的 3 个参数是如何传递给初始化方法__init__()的？创建对象时，使用类名的方式和函数调用很相似，实际上在创建对象时确实也在调用函数，确切地说是在调用方法——初始化方法。在 Python 中创建对象传递参数的方式如下：

```
对象名 = 类名(参数列表)
```

【例 8.8】　创建对象时，传递初始化参数。

代码实现：

```
dumbo = elephant("丹波","200kg","1m")
dumbo.move()
```

运行结果：

```
大象'丹波'正在移动
```

参数传递的过程如图 8-3 所示。

【例 8.9】　把前面几个例子的代码整理并修改一下，给出一个完整的大象类的定义，包含 3 个属性（名称、体重、体长）、一个移动方法、一个设置体重的方法，以及取得体重的方法。这样就能使用大象类来管理动物园中的大象了。

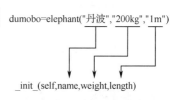

图 8-3　例 8.8 参数传递的过程

代码实现：

```
class elephant:
    #初始化方法
    def __init__(self,name,weight,length):
        self.weight = weight        #体重
        self.length = length        #体长
        self.name = name            #名称
        print("我们创建了一头名叫{name}的大象".format(name=self.name))
    #大象类的移动方法
    def move(self):
        print("大象'{name}'正在移动".format(name=self.name))
#取得大象体重
def getWeight(self):
    return self.weight
#设置大象体重
def setWeight(self,weight):
    self.weight = weight
#取得大象名称
def getName(self):
    return self.name
#设置大象名称
def setName(self,name):
    self.name = name
#取得大象体长
def getLength(self):
```

```
        return self.length
#设置大象体长
def setLength(self,length):
        self.length = length
```

 知识点提示：

（1）类的初始化方法__init__()前后都有两个下画线。

（2）初始化方法的参数列表可以为空（self 参数除外），在创建对象时就不能接收参数。

（3）在 Python 中有很多类似初始化方法命名的方法，如__getitem__()、__setitem__()等。

（4）从使用__init__()方法为类的对象创建属性这一行为来看，Python 实际上是以基于原型和基于类的混合方式来实现"面向对象"这一概念的。

 巩固提高

定义一个学生类，为学生类添加学号、姓名、性别、年级、课程等属性。

8.1.2巩固提高答案

 8.1.3　对象创建

在定义好类以后，我们可以通过类名来创建类的实例，也就是对象。在 Python 中创建对象的方式如下：

对象名　　类名(参数列表)

对象名就是一个被创建类实例的标识符，可以简单地认为是变量名。我们可以通过对象名操作与之对应的对象实例。注意，对象名不是对象本身，只是对象的代号，也被称为对象引用。

【例 8.10】　使用例 8.9 中定义的大象类来创建一个对象，并使用 dumbo 作为对象名。

代码实现：

dumbo = elephant("丹波","200kg","1 米")

运行结果：

我们创建了一头名叫丹波的大象

创建对象和使用对象名的关系如图 8-4 所示。

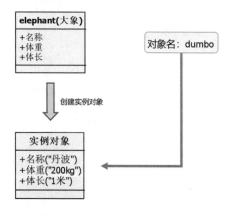

图 8-4　创建对象和使用对象名的关系

通过对象可以访问对象的属性，也可以调用对象的方法。在 Python 中使用对象来访问属性的方式是使用点号（.）运算符。点号运算符也称为成员访问运算符，具体语法格式如下：

使用属性的方式：对象名.属性名
为属性赋值：对象名.属性名 ＝ 值

【例 8.11】　在创建好对象后，可能需要修改一些对象中属性的值，也可能需要访问对象的属性，比如想查看一下当前这只大象的名称是什么，或者修改一下它的体重。

代码实现：

```
print("大象的名称是：",dumbo.name)
dumbo.weight = "300kg"
print(dumbo.name+"的体重现在是：",dumbo.weight)
```

运行结果：

```
大象的名称是：丹波
丹波的体重现在是：300kg
```

按照面向对象程序设计的一般原则，是不建议直接访问对象的属性的，而是通过类提供的方法来访问或修改对象的属性值，如图 8-5 所示。在 Python 中使用调用方法的方式和访问对象的属性的方式是一样的，都是通过使用点号（.）来实现的，语法格式如下：

对象名.方法名(参数列表)

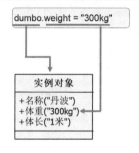

图 8-5　使用对象名修改对象属性

【例 8.12】　通过设置体重方法来修改对象实例的属性。

代码实现：

```
print("大象的名称是：",dumbo.getName())
dumbo.setWeight("400kg")
print(dumbo.getName()+"的体重现在是：",dumbo.getWeight())
```

运行结果：

```
大象的名称是：丹波
丹波的体重现在是：400kg
```

创建对象的语法和定义变量的语法实际上是一致的，这其实也暗示对象名和变量名是等效的。变量之间可以相互赋值，也可以作为函数的实参，使用对象名也可以实现相同的功能。这里要强调一点，类对象属于可变对象，使用对象名进行赋值操作传递的是对象引用，不会因为进行赋值操作而创建新的对象。

【例 8.13】　假设我们有个取得用户输入的函数，在里边可以取得用户输入，并需更改对象的体重。

代码实现：

```
#取得用户输入，并设置体重
def changeWeight(ele):
    strWeight = input("请输入新的体重：")
    ele.setWeight(strWeight)
#显示调用前的体重
print(dumbo.getName()+"的体重现在是：",dumbo.getWeight())
#调用 changeWeight()函数改变体重
changeWeight(dumbo)
#显示调用后的体重
print(nangi.getName()+"的体重现在是：",nangi.getWeight())
```

运行结果：

```
丹波的体重现在是： 200kg
请输入新的体重：2000kg
丹波的体重现在是： 2000kg
```

细心的读者会发现，我们在前面创建 elephant 类的实例对象时，实际上就是调用的 __init__()方法。__init__()有 4 个参数，分别是 self、name、weight 和 length，但是我们传递的参数实际上只有 3 个。同样地，在这个修改体重的例子里使用的是 setWeight()方法，有两个参数，分别是 self 和 weight，但是我们在调用时却只传递了一个参数，也就是体重（weight）。如果再看看调用取得体重方法的代码，会发现我们并没有传递任何参数，那是因为整个过程中引用的都是同一对象，如图 8-6 所示。

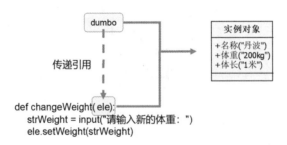

图 8-6　引用同一个对象

【例 8.14】 使用例 8.9 中的类创建两个对象，通过内置 id 函数取得不同对象的 getWeight() 方法的 id 值。

代码实现：

```
dumbo = elephant("丹波","300kg","1 米")
print(dumbo.getName()+"的体重现在是：",dumbo.getWeight())
print("丹波取得体重方法的 id 是：",id(dumbo.getWeight))
nangi = elephant("南姬","2000kg","2 米")
print(nangi.getName()+"的体重现在是：",nangi.getWeight())
print("南姬取得体重方法的 id 是：",id(nangi.getWeight))
```

运行结果：

```
我们创建了一头名叫丹波的大象
丹波的体重现在是： 300kg
丹波取得体重方法的 id 是： 2357389255880
```

我们创建了一头名叫南姬的大象
南姬的体重现在是：　2000kg
南姬取得体重方法的 id 是：　2357389255880

两个对象的 getWeight()方法的 id 值一样，从这里可以发现，同一个类的不同对象虽然有自己的属性值，但是方法代码都是共享的同一份。就如图 8-1 所示，类的不同实例对象的属性值可以不同，但是却共享了相同的行为。不同的大象可以胖、可以瘦、可以大、可以小，但是它们都能进行跑、吃、睡等动作。在 Python 中也是一样的，同一个类创建的不同对象，都共享相同的、由类提供的方法，如图 8-7 所示。

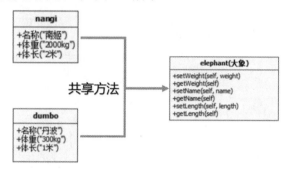

图 8-7　同一个类的不同对象共享相同的方法

那么问题来了，既然方法的代码都是一样的，一个方法如何知道自己操作的是哪个对象呢？或者说，我们在以上例子中的两个对象"dumbo"和"nangi"都调用了取得体重的方法，而 getWeight()方法是怎么知道应该返回哪个对象的体重值呢？

回忆一下在定义方法时，排在方法参数列表中第一个的 self 参数，当时是这样说的"self 参数代表类的一个具体实例，而非类本身"，实际上每个方法就是靠 self 参数来区分是哪个对象调用了这个方法的。

当我们使用对象名来访问某一个方法的时候，Python 会隐式地将当前对象的引用传递给方法的第一个参数，也就是 self 参数，所以 self 参数会根据调用方法时使用的对象不同而指向不同的对象实例，如图 8-8 所示。

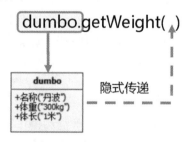

图 8-8　对象引用的隐式传递

【例 8.15】　使用对象的方法取得大象的体重时，Python 是如何利用 self 参数将当前调用方法的对象传入到方法中的，下面我们看一下这个流程。

代码实现：

```
print(dumbo.getName()+"的体重现在是：",dumbo.getWeight())
print(nangi.getName()+"的体重现在是：",nangi.getWeight())
```

运行结果：

丹波的体重现在是： 300kg

南姬的体重现在是： 2000kg

隐式传递的过程如图 8-9 所示。

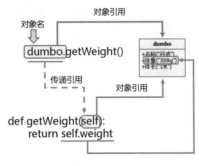

图 8-9　隐式传递的过程

 巩固提高

定义一个包含学号、姓名、性别、年级属性的学生类，为类添加一系列方法，可以设置和取得学号、姓名、性别、年级等属性。根据用户输入的内容，创建学生对象，并保存在列表中，然后输出学生所有信息。

8.1.3 巩固提高答案

8.2　面向对象特性

在上一节说到一个概念"程序（Program）=数据结构（Data Structure）+算法（Algorithm）"，面向过程的程序设计语言就是基于这一设计哲学的。使用面向过程的程序设计语言解决问题，会设计很多的数据结构，以及操作这些数据结构的算法。当软件项目比较大的时候，会发现一些无法解决的问题，比如由于直接操作数据结构，很容易造成内容耦合。内容耦合是比较强的耦合，会使软件项目维护成本提高。

学习上一节的内容后读者会发现，在面向对象程序设计中，数据结构和相应的操作都被组织在一起，形成了类这个概念。在类的基础上，面向对象程序设计实现了重用性、灵活性和扩展性。要知道这三个目标是如何实现的，就需要了解面向对象程序设计中非常重要的三个特性：封装、继承和多态。

8.2.1　封装

封装（Encapsulation）是面向对象编程中把数据和操作数据的函数绑定在一起的一个概念，这样能避免受到外界的干扰和误用，从而确保了安全。数据封装引申出了另一个重要的面向对象程序设计概念，即数据隐藏。在面向对象程序设计方法中，封装是为了防止对实现细节的访问。使用类时不用了解类的实现细节，只需要知道类提供的方法有哪些即可，这样带来的好处是，不同程序模块不需要相互知道对方的代码细节，只通过一些共用的方法来调用，降低了程序内部不同模块之间的耦合性，这在分析、设计和实现过程中都简化了问题的复杂度，为大型软件项目提供了方法上的支持。

封装需要数据隐藏，在一些静态语言中往往会提供一些控制访问权限的保留字，如 C++、

C#和 Java 中就提供的 public、protected、private 等，这些保留字告诉编译器哪些信息是外部可见的，哪些是外部不可见的，哪些是可以继承的等。

在 Python 中也是使用类来实现封装的，但是却没有显式地提供用于访问权限控制的保留字，而是使用了一些特别的方式来控制访问权限。下面会逐一地介绍如何使用 Python 封装机制。

封装根据具体的需要，设置使用者的访问权限。访问权限定义了类成员的范围和可见性，一般分为公共访问权限和私有访问权限。

● 公共访问权限：类的外部代码可以任意访问的类属性和方法。

● 私有访问权限：只能在类的内部，由类自身代码访问的属性和方法。

在 Python 的默认情况下，对象的属性和方法都是公开的，可以通过点号（.）来进行访问。这在软件项目比较小、程序功能比较简单的时候问题不大，但是，当项目很大或者功能很复杂时，尤其是需要多人协同时，问题就逐渐显现了。一个开发者写的代码，由另一个开发者来使用，那么如何保证使用的方式是正确的，就成为一个需要思考的问题。

比如在前面介绍的"类的定义"中，我们定义的所有属性和方法都是属于公共访问权限的，大象类中所有属性都是公共的，虽然提供了对这些属性设置的代码，但是开发者完全可能出于"省事"，绕开这些方法，直接存取对象的属性，这看起来没有问题。但是，如果有一天需求发生变化了，属性中存储的数据的类型发生了变化，那么需要修改的代码就会非常多，而且这些代码散布在整个软件项目中，修改起来会非常麻烦。在修改过程中有非常大的概率引入新的软件错误，这也是一种风险。

【例 8.16】 elephant 类中体重使用的是字符串，但是由于需求发生改变，为了便于以后比较和统计大象的体重，需要改为以千克为单位计算的数值。

代码实现：

```
dumbo = elephant("丹波",200,1)
print(dumbo.name+"的体重现在是：",dumbo.weight)
```

运行结果：

```
丹波的体重现在是： 200
```

可以看到输出的内容中没有带上单位，如果这样的代码在源代码中很多，那么需要修改和维护的地方就非常多，工作量会非常大，而且容易出错。

如何在代码层面防止出现这种问题，一种解决方式就是将属性设置为私有访问权限，不允许类外部的代码访问。只能通过类提供的方法访问指定的信息，这样就实现了对数据的隐藏。Python 使用如下的语法来设置属性的访问控制：

```
self.__属性名 = 初始化值
```

注意：属性名前有两个下画线（_），并且双下画线也是属性名的一部分。

【例 8.17】 把 elephant 类中的体重修改为私有属性，再直接访问，看看会出现什么情况。

代码实现：

```
class elephant:
    #初始化方法
    def __init__(self,name,weight,length):
        #体重
        self.__weight = weight
        #体长
```

```
            self.length = length
            #名称
            self.name = name
    dumbo = elephant("丹波",200,1)
    print(dumbo.name+"的体重现在是：",dumbo.__weight)
```

运行结果：

```
AttributeError: 'elephant' object has no attribute '__weight'
```

现在通过"__weight"或者"weight"去访问体重属性，都会抛出"AttributeError"异常。这时在类的外部是看不到这个属性的，因为体重属性已经成为一个"私有成员"。那么，如何让外部能够取得这个属性的值呢？

利用"私有属性可以被类的内部代码访问"这一特性，我们可以提供一个公共方法，由这个方法来为外部提供内部的值。

【例 8.18】把 elephant 类中的体重修改为私有属性，再直接访问，看看会出现什么情况。

代码实现：

```
class elephant:
        #初始化方法
        def __init__(self,name,weight,length):
            self.__weight = weight        #体重
            self.length = length          #体长
            self.name = name              #名称
        #取得大象体重
        def getWeight(self):
            Return str(self.__weight) + "kg"
    dumbo = elephant("丹波",200,1)
    print(dumbo.name+"的体重现在是：",dumbo.getWeight())
```

运行结果：

```
丹波的体重现在是：200kg
```

使用这样的方式，似乎把代码变得更复杂，需要写更多的代码了。但是考虑到带来的好处，这样做也是值得的。前面说过，如果软件项目因为需求发生变更——这在实际开发过程中是非常常见的情况，这些属性类型变化了，如以上例子中的体重属性，那么所有类似"print(dumbo. name+"的体重现在是：",dumbo.weight)"的代码都需要需改，这个工作量和带来的潜在风险可能是巨大的。但是，使用公共方法来访问内部属性，如果属性出现变化，只需要修改这些提供给外部调用的公共方法的实现代码，就可以实现统一修改，减少了维护的成本。

属性可以设置为私有属性，方法也可以设置为私有方法。定义私有方法的方式和定义私有属性的方式是一样的，在方法名前面添加双下画线。注意，与属性名一样，双下画线也是方法名的一部分，使用时也需要带上双下画线。

定义私有方法的语法如下：

```
class 类名:
    def __方法名(self,参数列表):
        方法代码块
```

【例 8.19】把前面 elephant 类中的体重修改为私有属性，并且将其类型修改为数值类型；

但是，由于 setWeight()方法已经按照体重属性是字符串类型进行使用了，为了保证兼容原有用法，setWeight()仍接收字符串作为参数，在类内部提供一个转换方法，将字符串类型的体重值转换为数值类型。该方法是私有方法，只能在类内部使用，具体地说就是在 setWeight()方法内部使用。

代码实现：

```
import re
class elephant:
    #初始化方法
    def __init__(self,name,weight,length):
        self.__weight = weight #体重
        self.length = length      #体长
        self.name = name         #名称
    #取得大象体重
    def getWeight(self):
        return str(self.__weight) + "kg"
    #使用正则表达式来取得数字，并转换为浮点数类型
    def __str2num(self,strValue):
        strNum = re.findall(r"[\+-]?\d+\.?\d+",strValue)[0]
        return float(strNum)
    #设置大象体重
    def setWeight(self,weight):
        #如果参数是字符串类型，取得数值部分，并转换为字符串
        if type(weight) is str:
            weight = self.__str2Num(weight)
        self.__weight = weight


dumbo = elephant("丹波",200,1)
print(dumbo.name+"的体重现在是：",dumbo.getWeight())
dumbo.setWeight("300kg")
print(dumbo.name+"的体重现在是：",dumbo.getWeight())
```

运行结果：

```
丹波的体重现在是：  200.0kg
丹波的体重现在是：  300.0kg
```

如果直接调用__str2Num()方法，则会发生错误。如下面展示的代码，直接调用私有方法，会抛出属性错误异常。

代码实现：

```
dumbo.__str2Num("100kg")
```

运行结果：

```
AttributeError: 'elephant' object has no attribute '__str2Num'
```

使用私有属性隐藏数据，使用公共方法来访问数据，实现了数据封装功能。但是，使用起来比较麻烦，每次需要访问属性时，都是一次方法的调用，一般来说方法代表某种对象的行为，从语义上说和访问对象属性的目的相冲突，使代码的可阅读性降低。好在 Python 提供了访问器，使用访问器/设置器来访问对象属性，一来可以实现数据封装，二来语义上和

我们的目的相一致。

Python 访问器的用法如下：

```
class 类名:
    私有属性 = 初始值
    @property
    def 访问器名称(self):
        其他功能语句
        return self.私有属性
    @访问器名称.setter
    def 设置器名称(self,value):
        其他功能语句
        self.私有属性 = value
```

访问器使用 property 装饰器来定义，装饰器是 Python 提供的一种用来修饰函数或类的方法的特殊对象。这里 property 装饰器把一个方法定义为访问器，此后可以将访问器的 setter 作为装饰器，用来定义设置器。访问器除了 self 参数没有其他参数，设置器除了 self 参数，还有一个用于接收新值的参数。

访问器/设置器的使用方式和对象的公共属性是一致的。

● 取得属性值时：变量名 = 对象名.访问器名称。

● 设置属性值时：对象名.设置器名称 = 新值。

【例 8.20】 把 elephant 类中的体重属性相关的操作修改为访问器/设置器模式。

代码实现：

```
import re
class elephant:
    #初始化方法
    def __init__(self,name,weight,length):
        self.__weight = weight        #体重
        self.length = length          #体长
        self.name = name              #名称
    #使用正则表达来取得数字，并转换为浮点数类型
    def __str2num(self,strValue):
        strNum = re.findall(r"[\+-]?\d+\.?\d+",strValue)[0]
        return float(strNum)
    #大象体重访问器
    @property
    def weight(self):
        return "{}kg".format(self.__weight)
    #大象体重设置器
    @weight.setter
    def weight(self,weight):
        #如果参数是字符串类型，取得数值部分，并转换为字符串
        if type(weight) is str:
            weight = self.__str2Num(weight)
        self.__weight = weight
```

```
dumbo = elephant("丹波",200,1)
dumbo.weight = 300                    #这里调用的是体重设置器
print("现在的体重是：",dumbo.weight)    #这里调用的是体重访问器
```

运行结果：

现在的体重是：　300.0kg

从这个例子可以看出访问器/设置器的几个特点。

（1）私有属性才是真正存储对象属性值的地方，访问器和设置器实际上是两个特殊的方法，用来访问对应的私有属性。

（2）访问器和设置器可以重名，但是访问器使用的装饰器是 property，设置器使用的装饰器是"访问器.setter"，而且设置器的参数中多一个用于接收新值的参数。

（3）设置器要在访问器定义以后才可定义，因为上一个特点的存在。

封装不是单纯意义上的隐藏。数据封装的目的是保护私隐，明确区分内外，隐藏起来然后对外提供操作该数据的接口，再在接口附加上对该数据操作的限制，以此完成对数据属性操作的严格控制。而对方法的封装，其目的是隔离复杂度，同时提供统一的公共方法，保证在内部实现发生修改时，不会影响外部的调用方式。

封装是面向对象程序设计的基础，它除了隔离复杂度、保护内部状态，还是面向对象程序设计其他重要特性的基础。

8.2.2 继承

继承（Inheriting）是面向对象程序设计中的另一个重要特点。继承，顾名思义，是后者延续前者的某些方面的特点，而在面向对象程序设计中则是指新类从已有类那里得到已有的特性。在这类的派生过程中，原有的类称为基类（base class）或父类（parent class），产生的新类称为派生类（derived class）或子类（subclass）。派生类继承基类后，可以创建派生类对象来调用基类方法、访问基类的属性等。如果面向对象程序设计语言不支持继承，类就仅仅是带有相关行为的数据结构。

在现实世界中，对象一般是有层次关系的，比如一个学生 A，首先他是属于大学生这个群体的，他的行为应该符合大学生群体的一般行为；其次，他是属于学生这个群体的，他的行为应该符合学生的行为；此外，他是人类的一员，那么他的行为也应该符合人类的行为。在面向对象程序设计中，把这种现实世界的层次关系抽象出来就形成了类的继承。学生 A 是大学生类的实例、大学生类继承自学生类、学生类继承自人类，类在这个继承体系中层次越高越抽象。类的继承关系如图 8-10 所示。

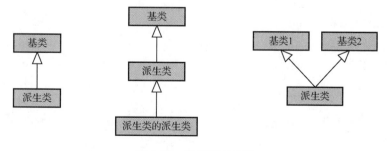

图 8-10　类的继承关系

继承可以看作"是一个"（is-a）的关系，我们把这个关系套入上面那个例子，学生 A"是

一个"大学生，大学生"是一个"学生，学生"是一个"人。如图 8-11 所示的就是这样一个关系，在这个关系中，最左边的"学生 A"是一个大学生类的对象，它有自己的属性值，它的行为是由大学生类定义的；大学生类中定义了作为大学生特有的行为，大学生作为一个学生的行为是从学生类继承而来的；同样的，学生类中定义了作为学生的特定行为，而作为人的行为是从人这个类继承来的。

图 8-11　学生关系图

在 Python 中支持类的继承，其用法也非常简单，在定义类时指定类的基类即可，语法如下：

```
class 派生类(基类 1,基类 2,基类 3,…):
    成员列表
```

从这里可以看出，Python 是支持多重继承的。

【例 8.21】 动物管理系统需要管理动物，前面已经定义了 elephant 类用于管理大象，但是一个动物园中的动物不止有大象，还有马、鳄鱼、犀牛等。我们还需要为这些不同的动物编写代表它们的类。经过分析后发现，虽然有很多不同种类的动物，但是动物的属性和行为都是差不多的，差异比较小，如图 8-12 所示。我们看一下以原有方式实现的代码。

图 8-12　例 8.21 类图

代码实现：

```
#大象
class elephant:
    #初始化方法
    def __init__(self,name,weight,length):
        self.__weight = weight      #体重
        self.__length = length      #体长
        self.__name = name          #名称
    #移动方法
    def move(self):
        ...
    #进食方法
    def eat(self):
        ...
    #睡觉方法
    def sleep(self):
        ...
```

```
#马
class horse:
      def __init__(self,name,weight,length):
            self.__weight = weight        #体重
            self.__length = length        #体长
            self.__name = name            #名称
      ...
#鳄鱼
class crocodile:
      def __init__(self,name,weight,length):
            self.__weight = weight        #体重
            self.__length = length        #体长
            self.__name = name            #名称
      ...
```

从这里可以看出，我们定义了很多相似的类用来表示不同的动物。这些类之间差异很小，但是却编写了大量的相似的代码，如果需求发生变化，需要为这些类都添加一些相似的功能，或者某一个相似功能出现了 bug（缺陷）需要修改，那么，修改的工作量将非常大，而且很可能带来新的 bug（缺陷）。

问题分析：体重、体长、名称等属性每个动物都有，移动、睡觉、进食等动作也是每个动物都有的行为。对于这些动物都具备的共性功能，如果我们编写一份共性功能代码，所有动物均可使用，那么，在添加代码或修改的时候，开发的成本将非常低。

下面运用面向对象的方式来分析一下这个问题。大象、马、鳄鱼都是一种动物，动物都有移动、进食、睡觉这些动作，此外，动物都有名称、体重、体长等属性。我们定义一个动物类表示所有动物，再定义不同的具体种类的动物类，在这些具体的动物类中定义它们特殊的行为和属性。那些所有都具有的属性和行为都从动物类中继承下来，类的关系如图 8-13 所示。

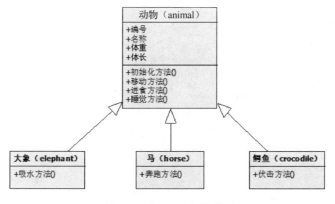

图 8-13　例 8.21 类关系图

把本例代码的实现方式修改为基于继承的方式。

代码实现：

```
#动物类
class animal:
      def __init__(self,name,weight,length):
```

```
            self.__weight = weight        #体重
            self.__length = length        #体长
            self.__name = name            #名称
            print("我们创建了一个名为{name}的动物".format(name=self.__name))
    def move(self):
            print("{name}正在移动".format(name=self.__name))
    def eat(self):
            print("{name}正在进食".format(name=self.__name))
    def sleep(self):
            print("{name}正在睡觉".format(name=self.__name))
    @property #名称访问器
    def name(self):
            return self.__name
    @property #体重访问器
    def weight(self):
            return self.__weight
    @property #体长访问器
    def length(self):
            return self.__length
#大象类（继承动物类的属性和行为）
class elephant(animal):
    def suckingWater(self):
            print("{name}正在吸水".format(name=self.name))
#马类（继承动物类的属性和行为）
class horse(animal):
    def rush(self):
            print("{name}正在奔跑冲刺".format(name=self.name))
#鳄鱼类（继承动物类的属性和行为）
class crocodile(animal):
    def ambush(self):
            print("{name}正在埋伏".format(name=self.name))
#使用大象类来定义对象
dumbo = elephant("丹波",200,"1m")
dumbo.move()
dumbo.suckingWater()
```

运行结果：

```
我们创建了一个名为丹波的动物
丹波正在移动
丹波正在吸水
```

这个例子中我们定义了动物类，动物类中包含名称、体重、体长属性，以及移动等方法。在子类中通过继承获得动物类共同拥有的属性和方法。此外，每个子类定义了一些自身特有的方法，如大象类的吸水、鳄鱼类的伏击等。使用继承能够共享代码，减少创建类的工作量；每个派生类都拥有基类的方法和属性；提高代码的重用性是多态的前提。

【例8.22】 我们发现原来的代码在管理动物时有一个问题，就是不能区分每一个动物，虽然每个动物都有名称属性，但是名称可能重复。出于管理的需要最好为每个动物分配一个唯一的编号。对于这样一个需求只需要在作为所有种类动物的基类（animal）上提供，就可以让所有从基类（animal）派生的类获得这个功能。

代码实现：

```
#动物类
class animal:
    def __init__(self,name,weight,length):
        self.__weight = weight          #体重
        self.__length = length          #体长
        self.__name = name              #名称
        print("我们创建了一个名为{name}的动物".format(name=self.__name))
        self.__id= id(self)                         #id，内置 id 函数返回对象的唯一标志
                                                    #id 函数返回的实际上是对象的内存地址
                                                    #每次启动 Python 都会不同

        ...    #动物类其他代码
    @property #id 访问器
    def id(self):
            return self.__id
#使用大象类来定义对象
dumbo = elephant("丹波",200,"1m")
print("大象'{name}'的 id 是：{id}".format(name=dumbo.name,id=dumbo.id))
```

运行结果：

```
我们创建了一个名为丹波的动物
大象'丹波'的 id 是：2737102460688
```

【例 8.23】　在上面的例子中，在派生类方法中访问对象属性时，使用的是基类（animal）提供的访问器（property），没有使用基类的私有属性名来直接访问，比如访问名称属性时，使用的是 self.name，而不是 self.__name。如果要在派生类，如大象类（elephant）的代码中直接使用私有属性名来访问会出现什么情况呢？

代码实现：

```
#大象类（继承动物类的属性和行为）
class elephant(animal):
        self.__weight = weight          #体重
        self.__length = length          #体长
        self.__name = name              #名称
        print("我们创建了一个名为{name}的动物".format(name=self.__name))
    def suckingWater(self):
            print("{name}正在吸水".format(name=self.__name))
#使用大象类来定义对象
dumbo = elephant("丹波",200,"1m")
dumbo.suckingWater()
```

运行结果：

```
我们创建了一个名为丹波的动物
AttributeError: 'elephant' object has no attribute '_elephant__name'
```

从以上结果可以知道，在派生类中也是不能访问基类的私有属性或方法的。私有访问权限不仅仅限制了类外的代码，在类的继承中也限制了派生类访问基类的私有属性和方法。私

有访问权限是一种非常强的访问控制，私有属性和方法都被限制在类中使用。

有没有一种访问权限控制让派生类使用，但是限制类外的代码使用基类中的属性和方法呢？在很多语言中都有这样的访问权限控制，称为受保护访问。受保护访问允许派生类访问基类的"保护成员"。Python 也提供了这个功能，更像一种编码约定。在 Python 中使用保护访问权限控制的方法如下：

```
class 类名：
    _属性名 = 初始值
```

或者：

```
class 类名：
    def __init__(self,参数列表)：
        self._属性名 = 初始值
```

这里需要注意的是，"_属性名"前边包含一个下画线（_），并且下画线是属性名的一部分。

【例 8.24】 把基类（animal）中的名称属性修改为保护成员（protected）。

代码实现：

```
#动物类
class animal:
    def __init__(self,name,weight,length):
        self._name = name                #名称
#大象类（继承动物类的属性和行为）
class elephant(animal):
    def suckingWater(self):
        print("{name}正在吸水".format(name=self._name))         #使用保护成员
#使用大象类来定义对象
dumbo = elephant("丹波",200,"1m")
dumbo.suckingWater()
print(dumbo._name)          #通过对象名在类方法外部访问保护成员
```

运行结果：

```
丹波正在吸水
丹波
```

可以看到，使用"_属性名"方式命名属性后，在派生类中也可以直接使用"_属性名"来访问基类的属性。不过，在类的外部也可以访问保护成员，可见，"_属性名"实际上就是公用访问权限的公共成员。"_属性名"只是提供了一个约定，让类的使用者知道"_属性名"是保护成员，不应该在类的外部访问。

例 8.23 中，我们在初始化方法中输出了一段信息"我们创建了一个名为 xxx 的动物"，现在我们需要使输出的信息显示得更准确一些，如果创建的是大象就输出"我们创建了一个名为 xxx 的大象"，如果创建的是鳄鱼就输出"我们创建了一个名为 xxx 的鳄鱼"。在这里就需要为每个类提供一个自己的初始化方法。

【例 8.25】 为大象添加自己的初始化方法。

代码实现：

```
#大象类（继承动物类的属性和行为）
class elephant(animal):
    def __init__(self,name,weight,length):
```

```
        self.__weight = weight        #体重
        self.__length = length        #体长
        self.__name = name            #名称
        print("我们创建了一个名为{name}的动物".format(name=self.__name))
        print("我们创建了一个名为{name}的大象".format(name=self.name))
dumbo = elephant("丹波",200,"1m")
```

运行结果：

```
AttributeError: 'elephant' object has no attribute '_animal__name'
```

这里出现了属性异常，说的是大象类（elephant）没有名称（__name）属性。可是我们在动物类（animal）中定义了名称属性，为什么会出现这个错误呢？

原因在于，我们是在动物类（animal）的初始化方法中为对象添加属性并赋初始值的。在我们提供的大象类（elephant）的初始化方法中，没有调用基类的初始化方法，造成对象中没有基类的属性。

这个问题涉及面向对象程序设计语言中一个重要的概念"构造方法的调用顺序"。一般来说，当一个类继承其他类后，在使用类创建对象时，会首先调它基类的构造方法。这个过程会递归进行，如果它的基类也是继承自其他类，那么也会先调用其父类的构造方法，如图 8-14 所示。

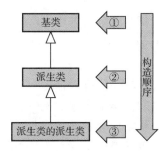

图 8-14　构造函数调用顺序图

在其他语言中这一过程会自动完成，在使用类创建一个对象时，会按如图 8-14 所示展示顺序先调用基类的构造方法，再调用派生类的构造方法，最后调用当前类（派生类的派生类）的构造方法。Python 不像其他一些面向对象编程语言，在创建对象时不会自动完成这一过程。要实现这一过程，需要用到一个内置函数——super()函数的协助，通过这个函数，可以手动实现这个过程。

super()函数是用于调用基类的一个方法。通过这个函数不仅可以调用初始化方法，还可以调用基类的其他方法，这在我们重写了基类的某个方法时非常有用，该函数可以在类的方法中和方法外使用，用法如下：

```
class 派生类名(基类):
    def 方法名(self,参数列表):
        super(派生类名,self).方法名(参数列表)
        #或者简写为：
        super().方法名(参数列表)
```

或者在类方法以外使用：

```
super(对象的类型,对象名).方法名(参数列表)
```

注意，通过 super()函数调用的是 self/obj 的基类方法，而不是 self/obj 自身类型的方法。

在方法外使用时，不能简写。

【例 8.26】 把例 8.25 改写一下，让 elephant 类能调用基类的初始化方法。

代码实现：

```
#大象类（继承动物类的属性和行为）
class elephant(animal):
    def __init__(self,name,weight,length):
        #调用基类的初始化方法
        super(elephant,self).__init__(name,weight,length)
        print("{name}是一头大象".format(name=self.name))
dumbo = elephant("丹波",200,"1m")
```

运行结果：

```
我们创建了一个名为丹波的动物
丹波是一头大象
```

在使用 super()函数调用了基类的初始化方法后，dumbo 对象拥有了基类定义的属性，这时调用 name 访问器就不会再出问题了。

 巩固提高

8.2.2 巩固提高答案

设计一个职业类体系，其中包括工程师、警察、医生，要求如下。

（1）工程师的属性有姓名、性别、身份证号、手机号、出生年月、工号等。

（2）工程师的方法包括上班、下班、工程设计等。

（3）警察的属性有姓名、性别、身份证号、手机号、出生年月、警号等。

（4）警察的方法包括上班、下班、出警、抓捕罪犯等。

（5）医生的属性有姓名、性别、身份证号、手机号、出生年月、科室（内科、外科等）等。

（6）医生的方法包括上班、下班、接诊、手术等。

（7）方法中只需要输出"'某某'正在做'XXXX'"，其中的"XXXX"表示正在做的动作。

（8）属性为私有成员，提供设置器和访问器。

8.2.3 多态

多态（Polymorphism）是面向对象的重要特性，简单来说就是"一个接口，多种实现"，是指一个基类中派生出了不同的派生类，且每个派生类在继承了同样的方法名的同时又对基类的方法做了不同的实现，这就是同一种事物表现出的多种形态。

继续以上一节中的动物类及其派生类为例来说明多态这一特性。动物都会移动，但是不同的动物移动的方式却不一样，比如大象移动缓慢，马可以奔跑，鳄鱼可以在水中游动。

对应到程序设计中，我们往往希望对不同对象的同一个方法调用有不同的行为，如文件、网络、数据库等对象，都有打开操作，但是具体到每个对象，其打开操作的行为却不同，比如文件对象的打开是打开一个具体的文件进行读写，网络对象的打开是链接到一个远端的主机进行通信，数据库的打开是连接数据库进行数据的查询和修改等。

【例 8.27】动物类中原来的移动方法提供了通用行为，但是不同的动物的移动行为可能

不同，我们在派生类中根据不同种类的动物进行不同的动作。本例省略了初始化方法，在初始化方法中需要调用基类的初始化方法。

代码实现：

```
#动物类
class animal:
    ...    #基类其他代码
    #移动方法
    def move(self):
        print("{name}正在移动".format(name=self.__name))
#大象类
class elephant(animal):
    ...    #大象类其他代码
    #大象的移动方法
    def move(self):
        print("{name}正在缓慢地移动".format(name=self.name))
#马类
class horse(animal):
    ...    #马类其他代码
    #马的移动方法
    def move(self):
        print("{name}正在飞快地奔跑".format(name=self.name))
#鳄鱼类
class crocodile(animal):
    ...    #鳄鱼类其他代码

    #鳄鱼的移动方法
    def move(self):
        print("{name}正在水下游动".format(name=self.name))
dumbo = elephant("丹波",200,"1m")
dumbo.move()
Pony =   horse("宝莉",50,"1m")
Pony.move()
Sobek =   crocodile("索贝克",100,"2m")
Sobek.move()
```

运行结果：

```
丹波正在缓慢地移动
宝莉正在飞快地奔跑
索贝克正在水下游动
```

多态需要派生类重写基类的方法。在重写方法时有一个需要注意的地方，就是不能修改方法的参数列表。这一点非常重要，因为在 Python 中没有"重载"概念，修改了方法的参数会破坏多态性。

Python 真正强大的地方在于，多态让我们可以以一种统一的方式来处理不同的对象，这为程序设计提供了一种非常高效的设计工具。只要这些对象有所需要的共同方法，这些方法可以以不同的方式实现，也可以有不同结果。比如本例中，每种类型的动物都可以移动（move），我们完全没有必要针对每种动物单独调用它的 move()方法，完全可以以一种通用的方式来实现。

【例 8.28】 将例 8.27 修改一下。

代码实现：

```
#动物类
class animal:
        ...    #基类代码

#大象类
class elephant(animal):
        ...    #大象类代码

#马类
class horse(animal):
        ...    #马类代码
#鳄鱼类
class crocodile(animal):
        ...    #鳄鱼类代码
def letAnimalMove(alist):
        for item in animalList:
                item.move()

animalList = [elephant("丹波",200,"1m"),horse("宝莉",50,"1m"),crocodile("索贝克",100,"2m")]
letAnimalMove(animalList)
```

运行结果：

```
丹波正在缓慢地移动
宝莉正在飞快地奔跑
索贝克正在水下游动
```

本例中我们设计了一个函数，它接收一个包含动物的列表；在函数中并没有逐个地调用对象的 move()方法，而是通过循环从列表中取出对象，每取出一个对象，就调用对象的 move()方法。在这个过程中我们不用在乎对象是什么具体的类型，只要是 animal 类的派生类就可以，它一定有 move()方法。

这种设计模式在实际软件开发中运用得非常多，就如前面所说的文件、网络、数据库等对象，应用程序并不关心它们是如何实现打开、读写等方法的，只要它们提供了这些方法。如果我们需要把数据保存到文件或数据库中，那么，只需要设计一个算法，在这个算法中，完成对象的打开、写数据、关闭对象等操作，这个算法就可以同时支持保存文件、数据库等不同的对象了。如果有一天，需求发生变化，需要支持将数据保存到网络服务器上，此时不需要修改原来的算法，只需要实现一个对网络服务器操作的对象，让这个对象有打开、读写数据、关闭对象等方法，把这个对象传给这个算法，就能支持新的功能了。

知识点提示：

（1）对象是类（class）的实例。

（2）Python 中一切皆对象，包括数值、布尔值、字符串、函数等，实际上类也是一种对象。

（3）object 是所有 Python 类型的基类，使用 class 保留字定义类时，默认基类是 object。

（4）可以通过 isinstance()函数查看对象是不是指定类的实例，如 isinstance(True,bool)。

（5）可以通过 issubclass()函数查看类是不是指定类的派生类，如 issubclass(int,object)。

8.3　接口

面向对象程序设计中，实现的基本单元是类，一个完整的类包括数据、方法声明及实现，但是并不是所有情况下都需要这样一个"完整"的类。例如，为软件系统设计日志模块，我们需要记录软件在运行过程中发生的一些事件，诸如用户登录、查询等。这些事件会由日志模块记录并保存，以供日后系统维护、数据分析等需要时使用，其中日志保存的位置会根据需要进行调整，可能是在本地文件系统中、远端的日志服务器中，或数据库中。

如果我们先设计一个保存到本地文件系统中的类，让这个类有打开文件、读写文件、关闭文件的方法；当需要将日志保存到日志服务器中时，再从这个类派生一个派生类，让这个派生类有打开服务器连接、读写服务器、关闭服务器连接的方法；当需要保存到数据库中时，又从派生类继续派生一个新的派生类去完成数据库的操作，有打开数据库连接、读写数据库、关闭数据库连接的方法。这样的设计是可以满足需求的，但是这也带来一个非常严重的问题，就是类会越来越大，会包含越来越多的无用代码，相应地会越来越不好维护。

如果有一种类，只包含必要方法的声明，不包含数据成员、方法的实现等"无用"的东西，根据需要从这样的不完整类派生类，并实现方法。这样既获得了多态优势，又不需要去维护无用的代码。我们所需要的这种不完整类的概念，就是接口（Interface）。

对象操作定义的所有方法的集合被称为该对象的接口。接口可以视为一种类型，它的名称即接口名。接口中的方法被称为抽象方法，所谓抽象方法就是没有具体实现的方法，也就是说没有函数体。接口只能被继承，不能实例化。因为接口中的方法实际上是没有实现的，如果接口能够被实例化为对象，那么不能通过这个对象调用它的任何方法，这样的对象显然是没有什么用的。

在大多面向对象的编程语言中都在语言层面提供了对接口的支持，如 Java、C#中的 Interface。但是，Python 语言本身并不提供对接口的支持，不过我们可以通过 Python 提供的 abc 模块（抽象基类 Abstract Base Classes）来实现接口功能。

abc 模块提供了在 Python 中定义抽象基类（ABC）的组件。该模块提供了一个元类 ABCMeta，可以用来定义抽象类，使用该元类可以创建抽象基类。抽象基类可以直接被派生类继承。抽象基类中实现的方法也不可调用（即使通过 super()函数调用也不行）。

abc 模块的使用方式如下：

```
import abc
class 接口名(metaclass=abc.ABCMeta):
    接口方法定义
```

或者使用 ABC 类作为基类来派生接口，ABC 是一个工具类，它是用 ABCMeta 作为自身的元类的，使用方式如下：

```
import abc
class 接口名(abc.ABC):
    接口方法定义
```

【例 8.29】 把前面例子中的动物类修改为动物接口。

代码实现:

```
import abc

#动物接口
class animalIn(metaclass=abc.ABCMeta):
    @abc.abstractmethod
    #动物接口的移动方法
    def move(self):
        pass
aniamObj = animalIn()
```

运行结果:

```
TypeError: Can't instantiate abstract class animalIn with abstract methods eat, move, run, sleep
```

这里展示的是如何使用 abc 模块中的 **ABCMeta** 元类来定义接口，这样定义出来的接口是不能被实例化的，如果实例化则会抛出类型错误。

【例 8.30】 有了动物接口，就可以通过继承的方式来使用接口了。

代码实现:

```
import abc
#动物接口
class animalIn(metaclass=abc.ABCMeta):
    @abc.abstractmethod
    def move(self):
        pass
#大象类（实现动物接口）
class elephant(animalIn):
    def __init__(self,name):
        self.__name = name
    #实现动物接口的移动方法
    def move(self):
        print("{name}正在缓慢地移动".format(name=self.__name))
#马类（实现动物接口）
class horse(animalIn):
    def __init__(self,name):
        self.__name = name
    #实现动物接口的移动方法
    def move(self):
        print("{name}正在飞快地奔跑".format(name=self.__name))
#鳄鱼类（实现动物接口）
class crocodile(animalIn):
    def __init__(self,name):
        self.__name = name
    #实现动物接口的移动方法
    def move(self):
        print("{name}正在水下游动".format(name=self.__name))
```

```
def letAnimalMove(alist):
        for item in animalList:
                item.move()
animalList = [elephant("丹波"),horse("宝莉"),crocodile("索贝克"),]
letAnimalMove(animalList)
```

运行结果：

```
丹波正在缓慢地移动
宝莉正在飞快地奔跑
索贝克正在水下游动
```

可以让类实现多个不同的接口，这样类的对象可以具有不同接口的功能。比如对象的操作是一样的，但是其中部分对象需要一些额外的步骤，那么就可以让这些对象实现一些额外接口，来实现对应的方法，并通过 isinstance()这个内置函数来判断对象是否实现了特定的方法。

【例 8.31】　有了动物和屏住呼吸接口，就可以通过继承的方式来使用接口了。

代码实现：

```
import abc
class animalIn(metaclass=abc.ABCMeta):
        @abc.abstractmethod
        def move(self):
                pass
#大象类（实现动物接口）
class elephant(animalIn):
        def __init__(self,name):
                self.__name = name
        #实现动物接口的移动方法
        def move(self):
                print("{name}正在缓慢地移动".format(name=self.__name))
#马类（实现动物接口）
class horse(animalIn):
        def __init__(self,name):
                self.__name = name
        #实现动物接口的移动方法
        def move(self):
                print("{name}正在飞快地奔跑".format(name=self.__name))
#鳄鱼类（实现动物接口）
class crocodile(animalIn):
        def __init__(self,name):
                self.__name = name
        #实现动物接口的移动方法
        def move(self):
                print("{name}正在水下游动".format(name=self.__name))
#屏住呼吸接口
class holdBreathIn(abc.ABC):
```

```
        @abc.abstractmethod
        #深呼吸抽象方法
        def deepBreath(self):
            pass
#鳄鱼类（实现动物接口、闭气接口）
class crocodile(animalIn,holdBreathIn):
    def __init__(self,name):
        self.__name = name
    #实现动物接口的移动方法
    def move(self):
        print("{name}正在水下游动".format(name=self.__name))
    def deepBreath(self):
        print("{name}深深地吸了口气，".format(name=self.__name),end="")
def letAnimalMove(alist):
    for item in animalList:
        #如果对象是屏住呼吸接口的实例，则调用深呼吸抽象方法
        if isinstance(item,holdBreathIn):
            item.deepBreath()
        item.move()
animalList = [elephant("丹波"),horse("宝莉"),crocodile("索贝克")]
letAnimalMove(animalList)
```

运行结果：

丹波正在缓慢地移动
宝莉正在飞快地奔跑
索贝克深深地吸了口气，索贝克正在水下游动

8.4　素质拓展

在全国计算机等级考试二级"Python 语言程序设计"考试中，关于 Python 计算生态中很多知识是和面向对象程序设计相关的内容，如 Python 中很多库是以类的方式提供的，如 time、jieba 中文分词库、wordcloud 等，因此需要掌握类和对象的如下相关知识和使用方式。

- 类的定义。
- 使用类创建对象。
- 调用对象的方法。
- 判别对象的类型。

【拓展训练】

8.4 拓展训练答案

➡ 简答题

1．简述面向对象的三大特性，各有什么用处？请说说你的理解。

2．简述面向过程编程与面向对象编程的区别与应用场景。

第9章 综合案例

本章提供多个小案例，涵盖了 Python 应用的多个方面的内容，包括 Python 基础应用、Python 网络爬虫、数据分析、图像处理等。通过本章的学习，可进一步巩固 Python 基础知识，同时可以初步了解自己感兴趣的 Python 应用方向，为以后的学习奠定基础。

学习目标

- 巩固 Python 基础知识。
- 了解 Python 应用方向。
- 能利用 Python 知识进行编码解决实际问题。

9.1 案例一：学生管理系统

1. 案例简介

简易的学生管理系统包括学生基本信息的录入、浏览、查找、修改和删除等管理功能。本案例为了巩固 Python 基础知识，利用函数实现学生管理系统各功能模块。学生管理系统具体操作提示界面如下：

> 学生管理系统　v1.0
> 1.添加学生的信息
> 2.删除学生的信息
> 3.修改学生的信息
> 4.查询学生的信息
> 5.遍历所有学生的信息
> 6.退出系统

2. 算法设计

学生管理系统能对学生信息进行简易管理，根据功能需求，首先输出操作提示界面，然后根据用户输入的操作序号进行相应学生信息的管理，在操作流程选择上是典型的多分支选择结构。注意，学号是唯一的，所以进行删除、修改、查询操作都会对学号是否唯一进行检测。

3. 流程图

本案例的执行流程如图 9-1 所示。

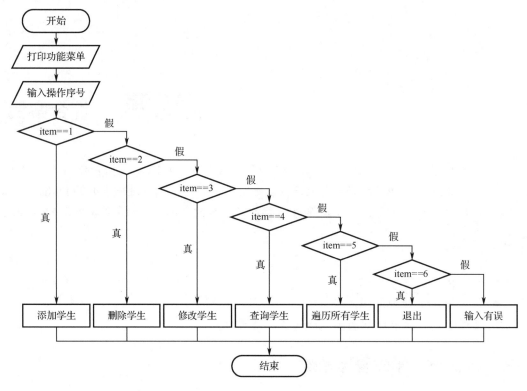

图 9-1　案例一执行流程

4. 代码实现

```
#定义列表, 用来存储学生信息
students = []
#定义函数, 显示功能列表给用户
def showMenu():
    print("-" * 30)
    print("       学生管理系统   v1.0")
    print(" 1.添加学生的信息")
    print(" 2.删除学生的信息")
    print(" 3.修改学生的信息")
    print(" 4.查询学生的信息")
    print(" 5.遍历所有学生的信息")
    print(" 6.退出系统")
    print('-' * 30)
#定义函数, 判断学号 id 是否存在
def isExsitStu(id):
    for temp in students:
        if temp['id'] == id:
            return True
    return False
#定义函数, 返回学号为 id 的学生在 students 中的位置
def indexStudent(id):
```

```
            i=0
        for temp in students:
                if temp['id'] == id:
                        break
                else:
                        i=i+1
        return i
#定义函数，添加学生信息
def addStu():
        print("您选择了添加学生信息功能")
        name = input("请输入学生姓名：")
        id = input("请输入学生学号(学号不可重复)：")
        age = input("请输入学生年龄:")
        #验证学号是否唯一
        if isExsitStu(id):
                print("输入学生学号重复，添加失败！")
        else:
                #定义字典，存放单个学生信息
                stuInfo = {}
                stuInfo['name'] = name
                stuInfo['id'] = id
                stuInfo['age'] = age
                #将单个学生信息放入列表
                students.append(stuInfo)
                print("添加成功！")
#定义函数，删除某个学生信息
def deleteStu():
        print("您选择了删除学生功能")
        id = input("请输入您要删除的学生学号:")
        #i 记录要删除的下标，leap 为标志位，如果找到则 leap=1，否则 leap=0
        if isExsitStu(id):
                i=indexStudent(id)
                del students[i]
                print("删除成功！")
        else:
                print("没有此学生学号，删除失败！")
#定义函数，更新某个学生信息
def updateStu():
        print("您选择了修改学生信息功能")
        id = input("请输入您要修改学生的学号:")
        #检测是否有此学号，然后修改信息
        if isExsitStu(id):
                temp=students[indexStudent(id)]
                while True:
```

```
                    alterNum = int(input(" 1.修改学号\n 2.修改姓名  \n 3.修改年龄  \n 4.退出修改\n"))
                    if alterNum == 1:
                        newId = input("输入更改后的学号:")
                        #修改后的学号要验证是否唯一
                        if isExsitStu(newId):
                            print("输入学号不可重复，修改失败！")
                        else:
                            temp['id'] = newId
                            print("学号修改成功")
                    elif alterNum == 2:
                        newName = input("输入更改后的姓名:")
                        temp['name'] = newName
                        print("姓名修改成功")
                    elif alterNum == 3:
                        newAge = input("输入更改后的年龄:")
                        temp['age'] = newAge
                        print("年龄修改成功")
                    elif alterNum == 4:
                        break
                    else:
                        print("输入错误，请重新输入")
        else:
            print("没有此学号，修改失败！")
#定义函数，查询某个学生信息
def queryStu():
    print("您选择了查询学生信息功能")
    id = input("请输入您要查询学生的学号:")
    #验证是否有此学号
    if isExsitStu(id):
        temp=students[indexStudent(id)]
        print("找到此学生，信息如下：")
        print("学号：%s\n 姓名：%s\n 年龄：%s\n" % (temp['id'], temp['name'], temp['age']))
    else:
        print("没有此学生学号，查询失败！")
#定义函数，查看所有学生信息
def showAllStu():
    print('*' * 20)
    print('系统当前共有',len(students),"名学生信息……")
    print("id        姓名          年龄")
    for temp in students:
        print("%s       %s        %s" % (temp['id'], temp['name'], temp['age']))
    print("*" * 20)
#定义函数，根据用户选择进行处理
if __name__ =='__main__':
```

```
#显示功能列表，供用户选择
while True:
    showMenu()
    #获取用户选择的功能
    item = int(input("请选择功能（序号）："))
    #根据用户选择，完成相应功能
    if item==1:
        addStu()
    elif item==2:
        deleteStu()
    elif item==3:
        updateStu()
    elif item==4:
        queryStu()
    elif item==5:
        showAllStu()
    elif item==6:
        #退出功能
        quitconfirm = input("亲，真的要退出么 （yes 或者 no）?")
        if quitconfirm == 'yes':
            print("欢迎使用本系统，谢谢")
            break;
    else:
        print("您输入有误，请重新输入")
```

5. 运行结果

程序运行结果截图如图 9-2 所示。

```
——————————————————
        学生管理系统   v1.0
    1.添加学生的信息
    2.删除学生的信息
    3.修改学生的信息
    4.查询学生的信息
    5.遍历所有学生的信息
    6.退出系统
——————————————————

请选择功能（序号）：1
您选择了添加学生信息功能
请输入学生姓名：张三
请输入学生学号(学号不可重复)：1801
请输入学生年龄:20
添加成功！
```

图 9-2　案例一程序运行结果截图

9.2 案例二：打印爱心图案

1．案例简介

关于爱心线，有这样一个凄美的爱情故事。三百多年前，一个国王聘请笛卡尔做小公主克里斯汀的数学老师。在笛卡尔的带领下，克里斯汀走进了奇妙的坐标世界，她对曲线着了迷。每天的形影不离也使他们彼此产生了爱慕之情。他们的恋情传到了国王的耳中，国王大怒，下令将笛卡尔放逐出国，公主则被软禁在宫中。

笛卡尔回到法国后不久，便染上重病。在生命进入倒计时的那段日子，他寄出最后一封信后，永远地离开了这个世界。这封信上没有写一句话，只有一个方程：$r=a(1-\sin\theta)$。拿到信的克里斯汀欣喜若狂，她立即明白了恋人的意图，找来纸和笔，把图形画了出来，一个心形图案出现在眼前，克里斯汀泪流满面。这条曲线就是著名的"爱心线"。爱心线的直角坐标参数方程表示如下：

$x=a\times(2\times\cos(t)-\cos(2t))$。

$y=a\times(2\times\sin(t)-\sin(2t))$。

2．算法设计

通过 numpy 模块的 linspace()方法来确定横坐标 x 的取值范围，列出方程，然后调用 matplotlib 模块的 pyplot()方法画出函数曲线即可。numpy 是一个用 Python 实现的科学计算包，包括一个强大的 N 维数组对象 Array 和成熟的函数库，提供了实用的线性代数、傅里叶变换和随机数生成函数等工具。

3．流程图

本案例的执行流程如图 9-3 所示。

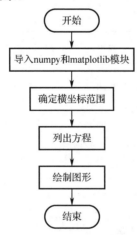

图 9-3　案例二执行流程

4．代码实现

```
#导入 numpy 和 matplotlib 模块
import numpy as np
import matplotlib.pyplot as plt
```

```
#确定横坐标 x 的范围
t = np.linspace(0 , 2 * np.pi, 1024)
#列出曲线方程
a = 1
X = a*(2*np.cos(t)-np.cos(2*t))
Y = a*(2*np.sin(t)-np.sin(2*t))
plt.plot(Y, X,color='r')
plt.show()
```

5. 运行结果

程序运行结果截图如图 9-4 所示。

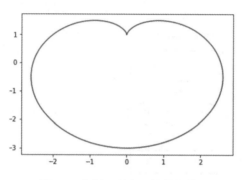

图 9-4　案例二程序运行结果截图

9.3 案例三：爬取猫眼电影TOP100榜

1. 案例简介

猫眼电影 TOP100 榜为猫眼电影库中评分排名前 100 名的经典影片，现利用 Python 爬虫知识爬取猫眼电影 TOP100 榜信息。网站页面的截图如图 9-5 所示。

图 9-5　案例三网站页面截图

2. 算法设计

通过 requests 模块模拟 Chrome 浏览器发送请求到猫眼电影排行榜的 URL 地址，以获得排行榜页面文本的字符串内容，然后用 XPath 对响应内容进行解析，得到电影的详细信息。requests 是 Python 的一个第三方库，实现了简单易用的 HTTP 库；XPath，全称 XML Path Language，即 XML 路径语言，它是一门在 XML 文档中查找信息的语言，同样适用于 HTML 文档的搜索。XPath 的选择功能十分强大，它提供了简洁明了的路径选择表达式，还提供了丰富的内置函数，几乎所有想要定位的节点都可以用 XPath 来选择。

3. 流程图

本案例的执行流程如图 9-6 所示。

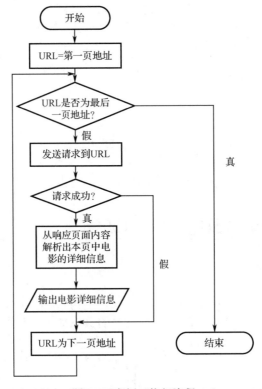

图 9-6　案例三执行流程

4. 代码实现

```
#导入 requests 和 lxml 模块
import requests
from lxml import etree
def crawl():
    n = 1    #n 记录电影排名
    for i in range(0,91,10):
        #构建 10 页的榜单电影 URL
        url='https://maoyan.com/board/4/?offset='+str(i)
        #爬取 URL 页面电影信息
        headers = {
```

```
                    'User-Agent': 'Mozilla/5.0 (Windows NT 6.1; Win64; x64) AppleWebKit/537.36 (KHTML,
like Gecko) Chrome/73.0.3683.103 Safari/537.36'
        }
        #模拟浏览器发送请求到 URL 获得响应内容 resp，resp 为 str
        resp = requests.get(url, headers=headers).text
        #通过 XPath 对 resp 解析
        ehtml = etree.HTML(resp)
        #titles、actors、dates、dot 分别为解析的电影名、演员、上映日期和评分信息
        titles = ehtml.xpath('//*[@id="app"]/div/div/div[1]/dl/dd/div/div/div[1]/p[1]/a/@title')
        actors = ehtml.xpath('//*[@id="app"]/div/div/div[1]/dl/dd/div/div/div[1]/p[2]/text()')
        dates = ehtml.xpath('//*[@id="app"]/div/div/div[1]/dl/dd/div/div/div[1]/p[3]/text()')
        dot = ehtml.xpath('string(//*[@id="app"]/div/div/div[1]/dl/dd/div/div/div[2]/p)').strip()
        #输出爬取的详细信息
        for title, actor, date in zip(titles, actors, dates):
            print(n,title.strip())
            print(actor.strip())
            print(date.strip())
            print('评分:',dot)
            n = n + 1
crawl()
```

5．运行结果

程序运行结果截图如图 9-7 所示。

```
1  霸王别姬
主演：张国荣, 张丰毅, 巩俐
上映时间：1993-07-26
评分：9.5
2  肖申克的救赎
主演：蒂姆·罗宾斯, 摩根·弗里曼, 鲍勃·冈顿
上映时间：1994-09-10(加拿大)
评分：9.5
3  罗马假日
主演：格利高里·派克, 奥黛丽·赫本, 埃迪·艾伯特
上映时间：1953-09-02(美国)
评分：9.5
4  这个杀手不太冷
主演：让·雷诺, 加里·奥德曼, 娜塔莉·波特曼
上映时间：1994-09-14(法国)
评分：9.5
5  泰坦尼克号
```

图 9-7　案例三程序运行结果截图

9.4　案例四：哈姆雷特词云分析

1．案例简介

《哈姆雷特》（Hamlet）是由英国剧作家威廉·莎士比亚创作于 1599 年—1602 年的一部悲

剧作品，它是莎士比亚所有戏剧中篇幅最长的一部，也是莎士比亚最负盛名的剧本，具有深刻的悲剧意义。复杂的人物性格及丰富完美的悲剧艺术手法，代表着整个西方文艺复兴时期文学的最高成就。

词云图，也叫文字云，是对文本中出现频率较高的"关键词"予以视觉化的展现，词云图过滤掉大量的低频低质的文本信息，使得浏览者只要一眼扫过文本就可领略文本的主旨。下面我们就一起来制作《哈姆雷特》小说词云图吧。

2. 算法设计

通过 jieba 对《哈姆雷特》小说中的单词进行分词，生成单词字符串，然后对单词的频次进行统计，再将统计结果用指定的图片显示出来。jieba（结巴）是百度工程师孙君意开发的一个开源库，其最流行的应用是分词，也称为"结巴中文分词"，但除分词之外，jieba 还可以做关键词抽取、词频统计等。jieba 支持精确模式、搜索引擎模式、全模式和 paddle 四种分词模式。

3. 流程图

本案例的执行流程如图 9-8 所示。

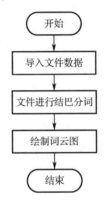

图 9-8　案例四执行流程

4. 代码实现

```
from PIL import Image
from wordcloud import WordCloud
import matplotlib.pyplot as plt
import numpy as np
import    jieba
path_txt = 'e://Hamlet.txt'
path_img = "e://image.jpg"
f = open(path_txt, 'r', encoding='UTF-8').read()
background_image = np.array(Image.open(path_img))
#结巴分词，生成字符串；join()函数将序列中的元素以指定字符连接生成一个新的字符串
cut_text = " ".join(jieba.cut(f))
wordcloud = WordCloud(
        #设置字体，避免乱码
        font_path="C:/Windows/Fonts/simfang.ttf",
```

```
        background_color="white",
        #mask 参数=图片背景，必须写上，另外有 mask 参数时再设定宽高是无效的
        mask=background_image).generate(cut_text)
#生成颜色值
image_colors = wordcloud.ImageColorGenerator(background_image)
#显示图片
plt.imshow(wordcloud.recolor(color_func=image_colors), interpolation="bilinear")
plt.axis("off")
plt.show()
```

5．运行结果

程序运行结果截图如图 9-9 所示。

图 9-9　案例四程序运行结果截图

9.5　案例五：绘制科赫曲线

1．案例简介

科赫曲线是一种像雪花的几何曲线，因其形态似雪花，因此又称科赫雪花，它是 de Rham 曲线的特例。科赫曲线最早出现在海里格·冯·科赫的论文中，是分形曲线的一种。雪花面积的变化收敛到原始三角形面积的 1.6 倍，而雪花周长变化到趋于无穷大，因此，雪花具有由无限长的曲线限制的有限区域。

科赫曲线可以由以下步骤生成。

（1）任意画一个正三角形，并把每条边三等分。

（2）取三等分后的一条边的中间一段作为边，向外画正三角形，并把这"中间一段"擦掉。

（3）重复上述两步，画出更小的三角形。

（4）一直重复，直到无穷，所画出的曲线叫作科赫曲线。

2．算法设计

科赫曲线的绘制可使用 Python 的 Turtle 库，Turtle 库是 Python 语言中很流行的绘制图像的函数库。在使用 Turtle 库绘制图像时，可以把光标想象成一个小乌龟，初始状态在窗体正

中心（在一个横轴为 x、纵轴为 y 的坐标系的原点(0,0)位置），小乌龟根据一组函数指令的控制，在画布上游走，走过的轨迹形成了绘制的图形。小乌龟由程序控制，可以自由改变颜色、方向、宽度等。

3．流程图

本案例的执行流程如图 9-10 所示。

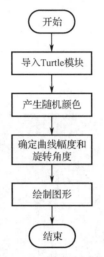

图 9-10　案例五执行流程

4．代码实现

```
import turtle,random
#产生随机颜色
def randomcolor():
    colorArr = ['1','2','3','4','5','6','7','8','9','A','B','C','D','E','F']
    color = ""
    for i in range(6):
        color += colorArr[random.randint(0,14)]
    return "#"+color
#科赫递归
def kehe(len,n):
    if n == 0:
        turtle.color(randomcolor())#设置画笔颜色
        turtle.fd(len) #沿着当方向前进 len 像素
    else:
        for i in [0,60,-120,60]:
            turtle.left(i)#逆时针移动 i 度
            kehe(len / 3, n - 1)
if __name__ == '__main__':
    length = 500
    level = 3
    du = 120
    turtle.penup()#提笔移动，不绘制图形，另起一个地方开始绘制
```

```
turtle.goto(-250,150) #将画笔移动到坐标为（-250,150）的位置
turtle.pensize(2) #设置画笔的宽度
turtle.pendown()#移动时绘制图形
kehe(length,level)#绘制曲线
turtle.right(du)#顺时针移动 120°
kehe(length, level)
turtle.right(du)
kehe(length, level)
turtle.right(du)
turtle.hideturtle()#隐藏画笔的 Turtle 形状
turtle.done()#停止绘制
```
#绘制时可修改绘制幅度形成新的曲线，代码如下：
```
# from turtle import Turtle
# t = Turtle()
# t.speed(0)
# #a = 180
# b = 180
# for c in range(5):
#       a = 9*c
#       for i in range(100):
#            t.circle(i,a)
#            t.right(b)
#            t.circle(i,a)
#            t.right(b)
#            t.circle(i,a)
#            t.right(b)
#            t.circle(i,a)
# input('Press any key to continue...')
```

5. 运行结果

程序运行结果截图如图 9-11 所示。

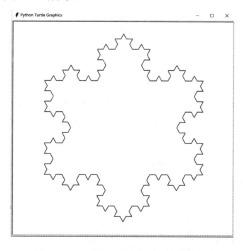

图 9-11　案例五程序运行结果截图

9.6 案例六：公告点击量分析

1. 案例简介

要对公告数据集的点击量进行分析，首先要导入数据，对数据进行清洗、整理和分析。本案例先利用 Python 第三方包 pandas 进行数据清洗、整理和分析，然后利用 Python 第三方包 matplotlib 进行数据可视化呈现。

pandas 是 Python 语言的一个扩展程序库，提供高性能、易于使用的数据结构和数据分析工具。pandas 可以从各种文件格式，如 CSV、JSON、SQL、Microsoft Excel 中导入数据，并对各种数据进行运算操作，如归并、再成形、选择，还有数据清洗和数据加工等。pandas 被广泛应用于学术、金融、统计学等各个数据分析领域。

matplotlib 是 Python 中最受欢迎的数据可视化软件包之一，支持跨平台运行，它是 Python 常用的 2D 绘图库，同时也提供了一部分 3D 绘图接口。matplotlib 通常与 numpy、pandas 一起使用，是数据分析中不可或缺的重要工具之一。

2. 算法设计

通过 pandas 导入公告数据集，并对其进行数据清洗、整理，然后在清洗好的数据基础上对公告点击量进行降序排序，最后利用 matplotlib 包对排序结果以图表方式进行可视化呈现。

3. 流程图

本案例的执行流程如图 9-12 所示。

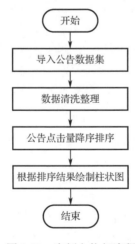

图 9-12 案例六执行流程

4. 代码实现

```
import pandas as pd              #导入 pandas 并取别名 pd
import matplotlib.pyplot as plt  #导入绘图包并取别名为 plt
d=pd.DataFrame(datalist)         #将 datalist 转换为 DataFrame
d.head()                         #显示表中前 5 行
d.info()    #查看数据整体情况，观察各列数据类型
#修改列标题为 title、partment、date、click
```

```
d.columns=['title','partment','date','click']
#去掉发布部门中的小括号——用正则表达式实现
d['partment']=d['partment'].str.findall('（(.*?)）').str[0]
#新增一列，表示发布的年份
d['year']=d['date'].str.split('-').str[0]
#点击量排名前 10 的通知公告
d.sort_values(by='click',ascending=False)[0:10]      #click 列降序排序后取前 10
#每年发布的信息条数
d['year'].value_counts()        #统计 year 列值的个数
```

本任务完整的代码如下，建议使用 Anaconda 的 Jupyter notebook 组件编写测试代码，一个单元格写一行代码，写一行运行一行，以便观察数据的变换过程。

```
d=pd.DataFrame(datalist)     #将 datalist 转换为行列数据表结构 DataFrame
d.head()                     #显示表中前 5 行
d.info()                     #查看数据整体情况，观察各列数据类型
d.columns=['title','partment','date','click']            #修改列标题
d['click']=d['click'].astype('int')                      #修改 click 为整数类型
d['partment']=d['partment'].str.findall('（(.*?)）').str[0]  #去掉发布部门中的小括号
d['year']=d['date'].str.split('-').str[0]                #新增一列，表示发布的年份
d.sort_values(by='click',ascending=False)[0:10]          #点击量排名前 10 的通知公告
d['year'].value_counts()                                 #每年发布的信息条数
plt.rcParams['font.sans-serif']=['simhei']               #解决图形中中文乱码的问题
d01=d.sort_values(by='click',ascending=False)[0:10]      #得到点击量排名前 10 的数据
plt.bar(d01['date'],d01['click'])                        #绘制柱状图
plt.title('点击量排名前 10 的通知公告')                    #绘制图形标题
#显示柱子上的数字
for x,y in zip(d01['date'],d01['click']):                #x、y 为数字显示的横纵坐标位置
  plt.text(x,y,y, ha='center',va='bottom')
#第 2 个 y 为柱子上显示的数字，ha、va 分别为水平和纵向对齐格式
```

🔵 5. 运行结果

程序运行结果截图如图 9-13 所示。

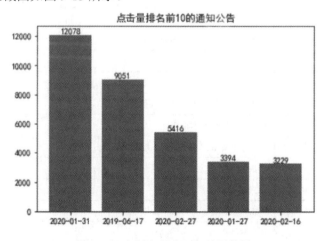

图 9-13　案例六程序运行结果截图

附录A Python常见异常

异 常 名 称	描　述
BaseException	所有异常的基类
SystemExit	解释器请求退出
KeyboardInterrupt	用户中断执行（通常输入 Ctrl+C）
Exception	常规错误的基类
StopIteration	迭代器没有更多的值
GeneratorExit	生成器（Generator）发生异常通知退出
StandardError	所有的内建标准异常的基类
ArithmeticError	所有数值计算错误的基类
FloatingPointError	浮点计算错误
OverflowError	数值运算超出最大限制
ZeroDivisionError	除（或取模）零（所有数据类型）
AssertionError	断言语句失败
AttributeError	对象没有这个属性
EOFError	没有内建输入，到达 EOF 标记
EnvironmentError	操作系统错误的基类
IOError	输入/输出操作失败
OSError	操作系统错误
WindowsError	系统调用失败
ImportError	导入模块/对象失败
LookupError	无效数据查询的基类
IndexError	序列中没有此索引（Index）
KeyError	映射中没有这个键
MemoryError	内存溢出错误（对于 Python 解释器不是致命的）
NameError	未声明/初始化对象（没有属性）
UnboundLocalError	访问未初始化的本地变量
ReferenceError	弱引用（Weak Reference）试图访问已经作为垃圾回收了的对象
RuntimeError	一般的运行时错误
NotImplementedError	尚未实现的方法
SyntaxError	Python 语法错误
IndentationError	缩进错误

续表

异 常 名 称	描　　述
TabError	Tab 和空格混用
SystemError	一般的解释器系统错误
TypeError	对类型无效的操作
ValueError	传入无效的参数
UnicodeError	Unicode 相关的错误
UnicodeDecodeError	Unicode 解码时错误
UnicodeEncodeError	Unicode 编码时错误
UnicodeTranslateError	Unicode 转换时错误
Warning	警告的基类
DeprecationWarning	关于被弃用的特征的警告
FutureWarning	关于构造将来语义会有改变的警告
OverflowWarning	旧的关于自动提升为长整型（long）的警告
PendingDeprecationWarning	关于特性将会被废弃的警告
RuntimeWarning	可疑的运行时行为（Runtime Behavior）的警告
SyntaxWarning	可疑的语法的警告
UserWarning	用户代码生成的警告

附录B Python编程100例

1. 请定义4个整型变量,并打印输出这4个变量进行加、减、乘、除运算后的结果。(易)

2. 将华氏温度转换成摄氏温度。公式为 $C=(5/9)×(F-32)$,其中 F 为华氏温度,C 为摄氏温度。请根据给定的华氏温度输出对应的摄氏温度。(易)

3. 根据观察,蟋蟀的鸣叫频率与温度有关,具体的公式为 $T=(c+40)/10$,其中,c 代表蟋蟀每分钟鸣叫数,T 代表华氏温度。请根据蟋蟀每分钟的鸣叫数输出相应的华氏温度。(易)

4. 编写程序,定义0~1000的一个整数并将其各位数字之和赋给一个整数,如整数932,各位数字之和为14。(较易)

5. 编程实现两个整数交换位置,例如,x = 6,y = 9;交换后 x = 9,y = 6。(较易)

6. 求空间两点之间的距离。(提示:空间中的一点(x,y,z),可由三个实数来描述。)(难)

7. 已知圆的半径,求圆的面积。(较易)

8. 已知一个三角形的三边边长分别为 a、b、c,利用海伦公式求三角形的面积。(较难)

海伦公式:$S = \sqrt{p(p-a)(p-b)(p-c)}$ $p = \dfrac{a+b+c}{2}$

9. 求两数平方和的算术根。(较难)

10. 给定一段时间,求出它的秒数。(如计算2小时17分30秒等于多少秒。)(较易)

11. 两个整数比较大小,输出较大值。(易)

12. 三个整数比较大小,输出最大值。(较易)

13. 求下列函数中 x 的值。(较易)

$$\begin{cases} y=10 & (x=0) \\ y=3x+5 & (x>0) \\ y=x-2 & (x<0) \end{cases}$$

14. 判断某年是否为闰年。(闰年的条件:该年的年号能被4整除且不能被100整除,或该年的年号能被400整除,则该年是闰年,否则不是闰年。)(较易)

15. 根据某同学的成绩,判定其成绩的等级。(90~100分为"优秀",80~89分为"良好",70~79分为"中等",60~69分为"及格",60分以下为"不及格"。)(较难)

16. 判断某个整数是否为水仙花数。(水仙花数是一个三位数,该数各位的立方和等于该数本身。例如,153是一个水仙花数,因为 $153 = 1^3 + 5^3 + 3^3$。)(较难)

17. 输入一个小于100000的数字,判断它的位数。(较难)

例如:输入899,输出3(3个数)。

18. 铁路托运行李规定:行李质量不超过50千克的,托运费按每千克0.15元计费;如超过50千克,则超过部分每千克加收0.10元。请编写程序完成自动计费工作。(较易)

19. 编写程序解方程 $ax+b=0$。(较易)

20. 判断输入的三个整数 a、b、c 是否能够构成三角形的三边。(较易)

21．编写程序解方程 $ax^2+bx+c=0$。（难）

22．从键盘输入三个数 a、b、c，将 a、b、c 按从大到小的顺序输出。（较难）

23．设计一个简单的计算器程序，要求根据用户从键盘输入的表达式：

操作数 1　运算符 op　操作数 2

计算并输出表达式的值，设定的运算符为（+）（−）（*）（/）（%）。（难）

24．从键盘输入一个数 m，判断它是否能被从键盘输入的 a 和 b 整除。（较难）

25．判断一个整数是不是偶数。（较易）

26．判断一个数是不是奇数。（较易）

27．编写一个程序，功能是从键盘输入一个整数，判断它是否是两位数，如果是，就打印它。（易）

28．从键盘读入一个数，判断它的正负。若是正数，则输出"+"；若是负数，则输出"−"。（较易）

29．某超市为了促销，规定：购物不足 50 元的按原价付款；超过 50 元不足 100 元的按九折付款；超过 100 元的，超过部分按八折付款。请编写程序完成超市的自动计费的工作。（较易）

30．编写一个程序，功能是从键盘输入 1 至 12 中的某一个数字，由计算机打印出其对应的月份的英语名称，如 January、February、March、April、May、June、July、August、September、October、November、December。（难）

31．求 1 到 100 之间的所有整数的和。（易）

32．求 10 的阶乘。（较易）

33．输出 26 个小写英文字母。（较易）

34．求 1 到 100 之间的所有奇数的和。（较易）

35．求 1 到 100 之间的所有偶数的和。（较易）

36．求 1000 以内所有能被 5 整除的整数的和。（较易）

37．统计 1000 以内所有能被 7 整除的数的个数。（较难）

38．打印 100 以内所有能被 3 整除的数，每 5 个数打印一行。（较难）

39．输出 1000 以内的所有水仙花数。

40．判断一个数是否是完全数。（完全数：所有小于该数本身的因子之和等于该数本身，例如，6 是一个完全数，因为，6=1+2+3。）（较难）

41．判断一个数是否为素数。（素数是一个大于 1 且只能被 1 和它本身整除的整数。）（较难）

42．编写程序读入整数并求它们的总和与平均值，输入 0 时程序结束。（难）

43．用 while 循环，求平方大于 12000 的最小数 n。（难）

44．本金 10000 元存入银行，年利率为 0.3%，每过 1 年，本金和利息作为新的本金，5 年后，总共有多少钱？（较难）

45．计算 1000 以内所有不能被 7 整除的整数之和。（较易）

46．斐波那契数列的第 1 和第 2 个数分别为 1 和 1，从第 3 个数开始，每个数等于其前两个数之和（1,1,2,3,5,8,13…）。编写一个程序输出斐波那契数列中的前 20 个数，要求每行输出 5 个数。（较难）

47．求 1+1/2+1/3+1/4+…+1/100 的结果。（难）

48．求 1+1/2+1/3+…+1/n>10，n 的值至少为多大。（难）

49．一个球从 100 米高处自由落下，每次落地后，反弹回原高度的一半，再落下，再反弹。求它第 10 次落地时，一共经过多少米？第 10 次反弹多高？（难）

50．一个人在银行存了 10000 万元，年利率为 0.35%，次年存款为本金与利息之和，求出 30 年后，这个人的存款有多少。（较难）

51．打印如下 5 行 5 列的星号图形：（较易）

*****

*****

*****

*****

*****

52．打印 1000 以内的完全数。（较难）

53．打印 100 以内的所有素数。（较难）

54．打印如下星号图形：（较难）

*

**

***

****

*****

55．打印如下图形：（较难）

1

22

333

4444

55555

56．打印如下图形：（较难）

A

BB

CCC

DDDD

EEEEE

57．打印如下图形：（难）

1

12

123

1234

12345

58．打印如下字母图形：（难）

A

AB

```
ABC
ABCD
ABCDE
```

59. 打印如下图形：（难）

```
A
BBB
CCCCC
DDDDDDD
EEEEEEEEE
```

60. 打印九九乘法表，形式如下：（较难）

1*1=1	1*2=2	1*3=3	1*4=4	1*5=5	1*6=6	1*7=7	1*8=8	1*9=9
2*1=2	2*2=4	2*3=6	2*4=8	2*5=10	2*6=12	2*7=14	2*8=16	2*9=18
3*1=3	3*2=6	3*3=9	3*4=12	3*5=15	3*6=18	3*7=21	3*8=24	3*9=27
4*1=4	4*2=8	4*3=12	4*4=16	4*5=20	4*6=24	4*7=28	4*8=32	4*9=36
5*1=5	5*2=10	5*3=15	5*4=20	5*5=25	5*6=30	5*7=35	5*8=40	5*9=45
6*1=6	6*2=12	6*3=18	6*4=24	6*5=30	6*6=36	6*7=42	6*8=48	6*9=54
7*1=7	7*2=14	7*3=21	7*4=28	7*5=35	7*6=42	7*7=49	7*8=56	7*9=63
8*1=8	8*2=16	8*3=24	8*4=32	8*5=40	8*6=48	8*7=56	8*8=64	8*9=72
9*1=2	9*2=18	9*3=27	9*4=36	9*5=45	9*6=54	9*7=63	9*8=72	9*9=81

61. 打印九九乘法表，形式如下：（难）

```
1*1=1
1*2=2   2*2=4
1*3=3   2*3=6   3*3=9
1*4=4   2*4=8   3*4=12  4*4=16
1*5=5   2*5=10  3*5=15  4*5=20  5*5=25
1*6=6   2*6=12  3*6=18  4*6=24  5*6=30  6*6=36
1*7=7   2*7=14  3*7=21  4*7=28  5*7=35  6*7=42  7*7=49
1*8=8   2*8=16  3*8=24  4*8=32  5*8=40  6*8=48  7*8=56  8*8=64
1*9=9   2*9=18  3*9=27  4*9=36  5*9=45  6*9=54  7*9=63  8*9=72  9*9=81
```

62. 打印 100 以内的所有素数，每 5 个数打印一行。（难）

63. 求前 50 个素数的和。（难）

64. 判断 101～200 有多少个素数，并输出所有素数。（难）

65. 求 100 以内的所有素数的和。（难）

66. 统计 1000 以内完全数的个数。（难）

67. 编程实现打印如下图形：（难）

```
    *
   ***
  *****
 *******
*********
```

68．编程实现打印如下图形：（难）

```
    1
   222
  33333
 4444444
555555555
```

69．计算 1000 以内完全数的和。（难）

70．求 1+2!+3!+…+20!的结果。（难）

71．求三个整数中的最大值。（要求：先自定义一个求两数中最大值的方法。）（难）

72．函数实现，打印 100 以内的所有素数。（要求：先自定义一个判断某数是否为素数的方法。）（难）

73．求 100 以内的所有素数的和。（要求：先自定义一个判断某数是否为素数的方法。）（难）

74．判断 101～200 有多少个素数，并输出所有素数。（要求：先自定义一个判断某数是否为素数的方法。）（难）

75．求前 50 个素数的和。（要求：先自定义一个判断某数是否为素数的方法。）（难）

76．打印 100 以内的所有素数，每 5 个数打印一行。（要求：先自定义一个判断某数是否为素数的方法。）（难）

77．打印 1000 以内的完全数。（要求：先自定义一个判断某数是否为完全数的方法。）（难）

78．计算 1000 以内完全数的和。（要求：先自定义一个判断某数是否为完全数的方法。）（难）

79．统计 1000 以内完全数的个数。（完全数：所有小于该数本身的因子之和等于该数本身，例如 6 是一个完全数，因为，6=1+2+3）（要求：先自定义一个判断某数是否为完全数的方法。）（难）

80．求 n!（要求用函数的递归调用实现）。（难）

81．打印斐波拉契数列前 20 个数，用递归实现。（较难）

82．求解汉诺塔问题。（难）

83．请定义一个列表为[21,45,38,66,73,14,55,99,85,10]，并将其每个元素输出显示。（易）

84．请定义一个列表为[[1,2,3]，[2,4,6]]，并将其每个元素输出显示。（较易）

85．请定义一个字典为{'name':'lily','age':15}，并将其每个元素输出显示。（较易）

86．将列表反转。

87．将字典转换为列表。

88．将列表元素按升序排序。

89．产生 10 个 0～100 范围且不重复的数字。

90．将实数数字转换为相应的中文大写数字。

91．编写程序，用你的名字初始化一个字符串，然后在同一行中，把其打印 3 次，用空格分隔开，如 John John John。（易）

92．输入两串密码，判断该两串密码是否一致。（较易）

93．反向加密：输入任意长度的密码，输出反向的密码。（较难）

94. 统计《哈姆雷特》小说词频。（难）

95. 自定义数据，将其存储为本地 TXT 文件，再将数据读出来。（较易）

96. 自定义字典数据，将其存储为本地 CSV 文件，再将数据读出来。（较易）

97. 解析如下 JSON 字符串中的 result、from、to 的值，将其存为本地 JSON 文件，再将数据读出来。（较难）

```json
{
  "trans_result": {
    "data": [
      {
        "dst": "你好",
        "prefixWrap": 0,
        "result": [
          [
            0,
            "你好",
            [
              "0|5"
            ],
            [],
            [
              "0|5"
            ],
            [
              "0|6"
            ]
          ]
        ],
        "src": "hello"
      }
    ],
    "from": "en",
    "status": 0,
    "to": "zh",
    "type": 2,
    "phonetic": [
      {
        "src_str": "你",
        "trg_str": "nǐ "
      },
      {
        "src_str": "好",
        "trg_str": "hǎo"
      }
    ]
```

```
        }
    }
```

98．定义人类，人类包括姓名、性别、年龄属性；定义学生类，学生类继承自人类，还具备学号属性；定义教师类，教师类继承自人类，还具备工号属性。分别实例化一个学生类对象和一个教师类对象。（较易）

99．定义学生类型，并实例化三个对象。（较易）

100．用面向对象程序设计思想实现输出"老王开车去单位"。（较难）